互联网实验室文库

“互联网口述系列丛书”战略合作单位

浙江传媒学院

互联网与社会研究院

博客中国

国际互联网研究院

国家出版基金项目
NATIONAL PUBLICATION FOUNDATION

OHI
Oral History Of The Internet

光荣与梦想

互联网口述系列丛书

陆首群篇

方兴东◎主编
刘　伟◎执行主编

電子工業出版社
Publishing House of Electronics Industry
北京•BEIJING

出版说明

“互联网口述历史”项目是由专业研究机构——互联网实验室，组织业界知名专家，对影响互联网发展的各个时期和各个关键节点的核心人物进行访谈，对这些人物的口述材料进行加工整理、研究提炼，以全方位展示互联网的发展历程和未来走向。人物涉及创业与商业，政府、安全与法律等相关领域，社会、思想与文化等层面。该项目把这些亲历者的口述内容作为我国互联网历史的原始素材，展示了互联网波澜壮阔的完整画卷。

今天奉献给各位读者的互联网口述系列丛书第一期的内容来源于“互联网口述历史”项目，主要挖掘了影响中国互联网发展的8位关键人物的口述历史资料和研究成果，包括《光荣与梦想：互联网口述系列丛书 钱华林篇》《光荣与梦想：互联网口述系列丛书 刘韵洁篇》《光荣与梦想：互联网口述系列丛书 许榕生篇》《光荣与梦想：互联网口述系列丛书 张朝阳篇》《光荣与梦想：互联网口述系列丛书 张树新篇》《光荣与梦想：互联网口述系列丛书 陆首群篇》《光荣与梦想：互联网口述系列丛书 胡启恒篇》《光荣与梦想：互联网口述系列丛书 田溯宁篇》。

“口述历史”，简单地说，就是通过笔录、录音、录影等现代技术手段，记录历史事件当事人或者目击者的回忆而保存的口述凭证。“口述”作为一种全新的学术研究方法，尚处在“探索”阶段，目前尚未发现可供借鉴和参考的案例或样本。在本系列丛书的策划过程中，我们也曾与行业内的专家和学者们进行了多次的探讨和交流，尽量规避“口述”这种全新的研究方式存在的不足。与此同时，针对“口述”内容存在的口语化的特点，在本系列丛书的出版过程中，我们严格按照出版规范的要求最大限度地进行了调整和完善。但由于“口述体”这种特殊的表达方式，书中难免还存在诸多不当之处，恳请各位专家、学者多多指正，共同探讨“口述”这种全新的研究方法，通过总结和传承互联网文化，为中国互联网的发展贡献自己的力量。

“互联网口述系列丛书”编委会

“互联网口述系列丛书”工程执行团队

牵头执行：互联网实验室
总负责人：方兴东
采访人员：方兴东、钟布、赵婕
访谈联络：范媛媛、孙雪、张爱芹
摄影摄像：李宁、杜康乐
文字编辑：李宇泽、骆春燕、袁欢、索新怡
视频剪辑：杜运洪、李可
战略合作：高忆宁、马杰
出版联络：任喜霞、吴雪琴
研究支持：徐玉蓉、陈帅、宋谨谨
媒体宣传：于金琳、朱晓旋、张雅琪
技术支持：高宇峰、胡炳妍、唐启胤、魏海

总　序

为什么做“互联网口述历史”（OHI）*

方兴东

2019 年是互联网诞生 50 周年，也是中国互联网全功能接入 25 年。如何全景式总结这波澜壮阔的 50 年，如何更好地面向下一个 50 年，这是“互联网口述历史”的初衷。

通过打造记录全球互联网全程的口述历史项目，为历史立言，为当代立志，为未来立心，一直是我个人的理想。

* 编者注：“互联网口述系列丛书”内容来源于“互联网口述历史”（OHI）项目。

而今，这一计划逐渐从梦想变成现实，初具轮廓。作为有幸全程见证、参与和研究中国互联网浪潮的一个充满书生意气的弄潮儿，我不知不觉把整个青春都献给了互联网。于是，我开始琢磨，如何做点更有价值的工作，不辜负这个时代。于是，2005 年，“互联网口述历史”（OHI）开始萦绕在我心头。

我自己与互联网还是挺有缘分的。互联网诞生于 1969 年，那一年我也一同来到这个世界。1987 年，我开始上大学，那一年，互联网以电子邮件的方式进入中国。1994 年，我来到北京，那一年互联网正式进入中国，我有幸第一时间与它亲密接触。随后，自己从一位高校诗社社长转型为互联网人，全身心投入到为中国互联网发展摇旗呐喊的事业中。20 多年的精彩纷呈尽收眼底。从 20 世纪 90 年代开始，到今天以及下一个 10 年，是所谓的互联网浪潮或者互联网革命的风暴中心，是最剧烈、最关键和最精彩的阶段。

但是，由于部分媒体的肤浅和浮躁，商业的功利与喧嚣，迄今，我们对改变中国及整个人类的互联网革命并没有恰如其分地呈现和认识。因为这场革命还在进程当中，我们现在需要做的并不是仓促地盖棺论定，也不是简单地总结或预测。对于这段刚刚发生的历史中的人与事、真实与细节，进行勤勤恳恳、扎扎实实的记录和挖掘，以及收集和积累更加丰富、全面的第一手史料，可能是更具历史价值和更富有意义的工作。

“互联网口述历史”仅仅局限在中国是不够的。不超越国界，没有全球视野，就无法理解互联网革命的真实面貌，就不符合人类共有的互联网精神。迄今整个人类互联网革命主要是由美国和中国联袂引领和推动完成的。到 2017 年底，全球网民达到 40 亿，互联网普及率达到 50%。我们认为，互联网革命开始进入历史性的拐点：从以美国为中心的上半场（互联网全球化 1.0），开始进入以中国为中心的下半场（互联网全球化 2.0）。中美两国承前启后、前赴后继、各有所长、优势互补，将人类互联网新文明不断推向深入，惠及整个人类。无论存在何种摩擦和争端，在人类互联网革命的道路上，中美两国将别无选择地构建成为不可分割的利益共同体和命运共同体。所以，“互联网口述历史”将以中美两国为核心，先后推进、分步实施、相互促进、互为参照，绘就波澜壮阔的互联网浪潮的完整画卷。

在历史进程的重要关头，有一部分脱颖而出的人，他们没有错过时代赋予的关键时刻，依靠个人的特质和不懈的努力，做出了独特的贡献，创造了伟大的奇迹。他们是推动历史进程的代表人物，是凝聚时代变革的典范。聚焦和深入透视他们，可以更好地还原历史的精彩，展现人类独特的创造力。可以毫不夸张地说，这些人，就是推动中国从半农业半工业社会进入到信息社会的策动者和引领者，是推动整个人类从工业文明走向更高级的信息文明的功臣和英雄。他们的个人成就与时代所赋予的意义，将随着时间的推移，不断得以彰显和认可。他们身上体现的价值观和独特的精神气质，正是引领人类走向未来的最宝贵财富！

“互联网口述历史”自 2007 年开始尝试，经过十多年断断续续的摸索，总算雏形初现。整个计划的第一阶段成果分为两部分。一部分记录中国互联网发展全过程，参与口述总人数达到 200 人左右的规模。其中大致是：创业与商业层面约 100 人，他们是技术创新和商业创新的主力军，是绝对的主体，是互联网浪潮真正的缔造者；政府、安全与法律等相关层面约 50 人，他们是推动制度创新的主力军，是互联网浪潮最重要的支撑和基础；学术、社会、思想与文化等层面约 50 人，他们是推动社会各层面变革的出类拔萃者。另一部分是以美国为中心的全球互联网全记录，计划安排 300 人左右的规模。大致包括美国 150 人、欧洲 50 人、印度等其他国家 100 人。三类群体的分布也基本同上部分。第一阶段的目标是完成具有代表性的 500 人左右的口述历史。正是这个独特的群体，将人类从工业文明带入到了信息文明。可以说，他们是人类新文明的缔造者和引领者。

自 2014 年开始，我们开始频繁地去美国，在那里，得到了美国互联网企业家、院校和智库诸多专家学者的大力支持和广泛认可，全面启动全球“互联网口述历史”的访谈工作。目前，我们以每一个人 4 小时左右的口述为基础内容，未来我们希望能够不断更新和多次补充，使这项工程能够日积月累，描绘出整个人类向信息文明大迁移的全景图。

到 2018 年年中，我们初步完成国内 170 多人、国际 150 多人的口述，累计形成 1000 多万字的文字内容和超过 1000 小时的视频。这个规模大致超过了我们计划的一半。所谓万事开头难，有了这一半，我的心里开始有了底气。2018 年开始，将以专题研究、图书出版以及多媒体视频等形式，陆续推向社会。希望在 2019 年互联网诞生 50 年之际，能够让整个计划完成第一阶段性目标。而第二阶段，我们将通过搭建的网络平台，面向全球动员和参与，并将该网络平台扩展成一个可持续发展的全球性平台。

通过各层面核心亲历者第一人称的口述，我们希望“互联网口述历史”工程能够成为全球互联网浪潮最全面、最丰富、最鲜活的第一手材料。为更好地记录互联网历史的全程提供多层次的素材，为后人更全面地研究互联网提供不可替代的参考。

启动口述历史项目，才明白这个工程的艰辛和浩大，需要无数人的支持和帮助，根本不是一个人所能够完成的。好在在此过程中，我们得到了各界一致的认可和支持，他们的肯定和赞赏是对我们最佳的激励。这是一项群体协作的集体工程，更是一项开放性的社会化工程。希望我们启动的这个项目，能汇聚更多的社会力量，最终能够越来越凸显价值与意义，能够成为中国对全球互联网所做的一点独特的贡献。

目录

CONTENTS

访谈者评述

方兴东

陆首群老师在互联网发展早期,尤其是互联网管理制度确立的时候，扮演了至关重要的角色。深入到当年的历史里，我发现像陆首群等政府官员对互联网发展的认识高度，以及他们对基本规律的把握，是与国际接轨的。当然，他们的认识不可能像今天这样清晰，因为谁也无法预料互联网会呈现出今天这样的盛况。但起码他们当时对互联网的内在规律、互联网的时代意义，以及互联网本身的价值观的认识，我认为没有出现偏差。

在中国第一部互联网方面的法规——《中华人民共和国计算机网络国际联网管理暂行规定》的制定过程中，陆老师和他所在的国家经济信息化联席会议办公室，以及其他的专家、部委发挥了非常关键的作用。其中，很重要的一件事是他们在那个时候构架了一个去中心化的管理机制。可以说，中国互联网制度创新，或者说中国互联网“九龙治水”的管理格局就发轫于此。当然，目前主流的观点认为“九龙治水”是一个批判性的词汇，但实际上考虑到互联网本身的特性、互联网国际主流的理念，以及互联网未来发展的趋势，“九龙治水”恰恰是中国互联网管理制度的一个最大的创新点。

陆老师当年可能也没有认识到这些事情的意义到底有多大。现在回过头看，我认为这些事情对中国互联网的发展具有决定作用。陆老师既是具有全球视野并善于独立思考的官员，也是具有求索精神、思想境界和人文情怀的学者。同时，他还是身体力行的实践者、企业家，他曾在北京开关厂，长城集团等企业中历练了很多年，后来又创办了吉通、首信。因此，陆老师对互联网的理解，对很多事情的理解与一般的官员有所不同。最难能可贵的是，陆老师虽然年事已高，但仍然思维活跃，头脑清晰，心态相当年轻。他的内在价值观与互联网的精神是一脉相承的。所以，我觉得陆老师是体制内颇具眼光和远见的人之一，也是符合互联网价值观的官员代表之一。

业界评述

陆首群教授是我的老朋友，他一直以来就是中国科技界的领军人物，是将现代 UNIX 计算机系统引入中国的第一人，是中国信息化的先驱者和实践者。更重要的是，他最长久的影响力来源于他是“中国开源运动的领导者”。

Jim Zemlin
（Linux 基金会执行董事）

中国开源软件推进联盟名誉主席陆首群教授是中国信息产业界的领军人物。多年来，他致力于在中国推广开源软件，促进政府有关部门向开源软件倾斜，指导和支持中国开源企业的发展，推动中国开源界与国际开源社区的合作交流，并发表了许多涉及开源软件的重要论著，在中国产生了很大的影响。

倪光南
（中国工程院院士）

陆首群教授作为我国信息化建设的首批开拓者和实践者，见证了信息技术的发展历程。从产品研发到企业管理、从互联网到电子商务、从数学领域到哲学视角，他践行于信息化的思考、探索和追求。自21世纪初以来，国家大力倡导建立以企业为主体、市场为导向、产学研用紧密结合的技术创新体系，他认识到开放源代码理念必将成为自主创新技术的基础并具有相当大的推动作用，从而多年来一直致力于开源软件的推广，不遗余力地推动开源技术的发展、交流和传播，为中国的开源技术做出了巨大的贡献。

高文

（中国工程院院士）

口述者肖像

口述者简介

陆首群，教授，曾任中国工业经济联合会副会长，中国人民银行、广播电影电视部、北京市人民政府、中国社会科学院、中国航天工业总公司、国家信息中心、中国华能集团公司、中国广东核电集团的信息化高级顾问，国际 OSDL（开放源代码开发实验室）全球特别顾问（Expert Advisor），中国联通公司筹建组负责人之一。他主持了金桥工程、金关工程、金卡工程、金税工程的总体规划和概览设计，担任创建中国第一批互联网和起草中国第一部互联网法规的筹备组负责人，曾主持建设“首都之窗”和“首都电子商城”。

1936 年 1 月

生于无锡。

1953 年，17 岁

考入清华大学。

1965 年，29 岁

任北京开关厂副总工程师，后任总工程师、厂长。

1978 年，42 岁

任华北电力设备制造联合公司总经理，后任董事长。

1984 年，48 岁

任北京市机械工业总公司副总经理。

1985 年，49 岁

任北京电子振兴办公室主任，后兼任北京市政府电子工业办公室主任。

1987 年，51 岁

任中国长城集团公司副董事长。

1993 年，57 岁

创办吉通通信公司，任总裁，后任董事长、名誉董事长。

1994 年，58 岁

任国家经济信息化联席会议办公室（简称“联席办”或“信息办”）常务副主任。

1998 年，62 岁

创办首都信息发展股份有限公司，任总裁，后任名誉董事长。

2004 年，68 岁

任中国开源软件推进联盟主席，后任名誉主席。

2005 年，69 岁

任中国高校 Linux 推进联盟（China Linux University Promotion Alliance）名誉主席。

2006 年，70 岁

任电子政务理事会理事长，后任名誉理事长。

陆首群 篇

互联网在中国迈出的第一步：摒弃垄断，去中心化，重在安全，加强管理

访谈：方兴东

口述：陆首群

整理：刘伟、李宇泽

时间：2014 年 8 月 5 日（13:30—17:00）、2015 年 5 月 13 日（09:30—13:30）、2016 年 8 月 2 日（14:30—17:00）

地点：量子银座 12 层首信公司会议室、中关村知识产权大厦 B 座 5 层

文本修订：18 次

光荣与梦想

互联网口述系列丛书

陆首群篇

壹

中国互联网的创建和与国际联网

中国的互联网是怎么做起来的？

* * *

关于在中国开通互联网这个事情，很多人被描述为中国互联网的“创始人”，其实，在中国互联网开通之初，人们必须突破三道关口：一是必须得到通信部门的准许，获得国际联网线路。当时中国的通信线路由邮电部专管，他们并不了解互联网，也不知如何提供线路支持，更不了解如何管理，而没有邮电部的支持，互联网是建不起来的。二是创建互联网并使之运转起来，要取得国际互联网管理机构授权，并由其分配域名、网址等基本资源。当时中国政府授权国家经济信息化联席会议办公室（简称联席办）统一对外，并承担管理职能。当时联席办正与国际及亚太的互联网管理机构洽谈中国的互联网资源分配，以及申请、审批、授权等合作事宜。因此，国内任何个人、企业或单位都不可能绕过这条渠道而把互联网创建并运行起来。三是中国早期互联网起步时属于新鲜事物，尚无法可依，而运营牌照要由邮电部来颁发，如果不建立起可行的管理机制，不及时立法，互联网是发展不起来的。而且中国要创建创建一批互联网，不是一个；要体现互联、互通、开放、自由、共享、协同等互联网特征；互联网运行还要讲究安全，开放和安全要做好平衡。当时一些人对此没有思想准备，有些人和部门还希望用老的垄断式的方式管理互联网，那是不行的。

所以，创建中国互联网开启的过程伴随着思想解放的过程，反对封闭垄断的旧管理体制过程，重视安全并做好开放与安全平衡的过程。

互联网始现于 1969 年的美国，我们从 1990 年 7 月开始在北京搭建互联网，当时我担任北京电子振兴办公室主任，和周宏仁和高星忠合作。周宏仁原来是国家信息中心常务副主任，高星忠当时是北京电信管理局的总工程师。那时邮电部从法国引进了 X.25[1]分组交换网，我们想把各有关部委、地方的信息平台用数据网络联起来进行信息交换，这属于广域网。于是我们搞了一个“北京信息通信活动周”，组织国家信息中心、北京市政府、外经贸部、中国科学院、北京电信管理局和国家旅游局等单位展开合作，进行信息共享和交换。

1993 年 5 月，我任吉通公司总裁时，决定开拓互联网电子邮件业务（由王克宁牵头）。1994 年 2 月，吉通与方正、希望等公司合作成立子公司“易迈”，开拓、承接互联网电子邮件传输、运行业务。当时未采用后来成为主流的简单电子邮件传输协议（SMTP），而是自创协议。

1993—1994 年，我国先后成立了国家经济信息化联席会议（后改为国务院信息化工作领导小组）及其办公室（简称“信息办”或“联席办”），部署以“三金工程”为重点的国家信息化建设。

吉通就是为建设三金工程服务的，是三金工程承接方，我被任命为国务院“三金办”主任（这些都是在 1994 年 2 月 19 日国家经济信息化联席会议第一次会议上决定的）。后来我还兼任国务院信息办常务副主任。

在吉通公司上报的金桥工程立项报告中，除建设国家经济信息通信网外，还包括建设中国互联网（这是 1993 年率先在国内报批的）。

1994 年 4 月 20 日上午，国家经济信息化联席会议第二次会议召开，会上听取了“金桥工程”的建设进度和“金卡工程”部署的汇报。中科院院长周光召[2]携专家王行刚（NCFC 园区网设计组负责人）与会。他们提出，国家自然科学基金会（NSFC）与美方商定用电子邮件进行业务联系，需租用邮电部 64kbps 国际联络信道，此次会议同意了此事。

需要补充的是，国内早期在探索建立互联网的过程中，一般是利用国外在中国延伸设置的 IP 地址和国外（也有国内）提供的国际专线，以点对点通信和专项业务合作方式，利用国外接入国际互联网的便利条件，在不完整的条件下在国内进行试运行，例如下述的网络互联案例。

（1）1986 年，钱天白[3]研究员所在的北京计算机应用技术研究所与德国卡尔斯鲁厄大学合作用国际专线接入互联网。1987 年 9 月 14 日，从中国向德国发出的第一封电子邮件(邮件内容为“越过长城，走向世界”)，揭开了国内使用电子邮件的序幕。

（2）1988 年 12 月，清华大学校园网创建人胡道元[4]教授从加拿大 UBC 大学引进了采用 X.400 协议的电子邮件软件包，开通了清华大学与 UBC 大学之间的电子邮件服务。

（3）1988 年，中科院高能所许榕生[5]研究员采用 X.25 协议使该单位 DECent（美国 DEC 公司的专用网络协议）成为西欧中心 DECent 的延伸，实现了洲际远程联网，同时实现了中国与欧美的电子邮件通信。1991 年，中科院高能所与美国斯坦福线性加速器中心（SLAC）会谈，讨论中国互联网联网及开通电子邮件服务的问题。经中美双方努力，1994 年 5 月，高能所计算机中心节点接入国际互联网。

（4）1989 年 5 月，中国研究网（CRN，由电子工业部第十五研究所马如山研究员负责，第三十所、上海交大、复旦大学、东南大学等单位共同参与）与德国研究网（DFN）连接，提供电子邮件、文件传送和目录服务等功能。

（5）1994 年 4 月 20 日，由中科院、清华大学、北京大学合作建设的园区网（NCFC）通过租用邮电部64kbps 的国际专线，经 Sprint[6]网接入国际互联网，与美国国家科学基金会（NSF）连接（中美科技合作联委会中方代表胡启恒副院长提出双方通过接入互联网沟通信息的建议获美方响应）。1994 年 5 月，NCFC 接通了国际互联网。

（6）1994 年 6 月 28 日，北京化工大学与日本东京理科大学开通与互联网连接的 64kbps 的试运行专线。该专线于 1994 年 9 月 20 日正式运行。

（7）1994 年 7 月，吉通公司与香港盈科公司合作开通了 256kbps 的卫星专线，在金桥网上试运行互联网业务。另外，金桥互联网于 1995 年 3 月租用泛美卫星，将信号转发到美国西海岸，然后通过光纤接入位于洛杉矶的 Sprint 互联网总汇接局，并开通试验。

（8）1994 年 9 月，中国邮电部与美国商务部签订协议开通经由 Sprint 公司的两条专线（北京、上海各一条）。北京出口的专线带宽为 256kbps，上海出口的专线带宽为 64kbps，并在这两条专线进行互联网业务试运行。1995 年 5 月，邮电部向社会开放互联网接入服务。

（9）1995 年 7 月，清华大学 CERNET 网络中心节点与美国 Sprint 互联网接通。CERNET（中国教育和科研计算机网）示范工程由国家计委于 1994 年 11 月正式批复立项，清华大学 CERNET 网络中心也是全国的网络中心之一，国际联网接入点为美国 Sprint 互联网，带宽为 128kbps。

1994 年 6 月和 7 月，我在北京与国际互联网协会的负责人会晤，他主要谈了三点意见。第一，从现在，互联网已经开始了商业化运行，可以预见在互联网上运作的商业信息将有可能超过教育和科技信息，互联网将更加通俗化，更加普及。第二，中国现在还没有启动互联网，但来国际互联网协会总部洽谈建设互联网的中国人很多，都说代表中国，国际互联网协会并不知道谁才是真正代表中国的。第三，国际互联网协会希望和中国合作，支持中国的互联网建设。

我们对此进行了汇总整理并结合国情展开调查，向国家经济信息化联席会议进行了汇报。

1994 年 12 月 30 日，国家经济信息化联席会议第三次会议召开。会上讨论了 1994 年国家信息化工作总结报告、1995 年国家信息化工作部署要点，审议了由联席办组织专家组（由叶培大、王行刚担任正副组长）编写的《国家信息化基础结构（CNII）发展纲要（征求意见稿）》。此次会议决定筹建中国互联网，并指示由联席办组织成立一个跨部门的筹备小组。会议针对国内拟建互联网早期的混乱、失序、不规范、不安全、不能准入市场或无法投入运行等问题，重申要改变互联网多头对外、无序建设、各自为政、杂乱无章的状况，决定由联席办负责统筹规划，统一管理，统一申办，统一分配互联网域名、地址资源，统一对外与国际互联网协会洽谈合作事宜。

大约是在 1995 年 6 月下旬，国际互联网协会大会在美国夏威夷召开。本来应由我负责组团参会，由于“三金工程”刚刚起步，事务繁多，我无法抽身，于是我委托钱天白担任组长率团参加。

我曾提出由旧体制下的通信部门管理互联网会有许多不便，不利于互联网发展，也会强化部门垄断现象。这里有反垄断的意思，也有去中心化的意思。不久上级部门就决定，组织各方有关人士来研究、处理中国互联网的建设和管理问题，邮电部不再负责管理互联网。

1995 年 7 月 18 日，研究中国互联网建设和管理问题的会议召开，决定**在互联网建立之前（当时中国还没有互联网）的过渡时期，由联席办统一和国际互联网管理机构进行联系和安排。**

1995年7月23日，由我牵头的中国互联网及国际联网管理规定起草小组（中国互联网筹备组，简称筹备组）成立。7月28日至29日，筹备组提出了《中华人民共和国计算机信息网络（互联网）及国际联网管理规定（暂行）》[简称“中国互联网管理规定（暂行）”]，提出了创建4个中国互联网的外网接口，即中国电信网（CHINANET[7]）、中国金桥网（CHINAGBN[8]）、中国教育网（CERNET[9]）和中国科技网（CSTNET[10]），并提出创建中国互联网络信息中心（CNNIC[11]）。

1995年8月15日至16日，联席办主持召开国际互联网研讨会（中国计算机信息网络及国际联网研讨会）。8月16日，联席办与国际互联网管理机构及亚太互联网管理中心就互联网资源（域名、地址）的分配、授权，以及中国互联网与国际互联网合作问题进行会谈，并签署了 MOU[12]。国际互联网管理机构常务理事村井纯[13]（Jun Murai）、亚太互联网络信息中心（APNIC[14]）主席戴维·康纳特（David Conrad）出席了这次会议。中方（联席办）由我牵头，中科院胡启恒、清华大学胡道元等也参加了中方谈判组。

在会上，国际互联网管理机构决定赠送一条 2Mbps 的国际专线给中方，这条线路从美国途经日本，再到中国。

1995 年 8 月 19 日，根据国家信息化联席会议的指示，由联席办向 26 个部委的 43 位专家和管理者汇报《中国互联网管理规定（暂行）》草案，汇报拟建设的 4 个“国字号骨干网”的架构和中国互联网络信息中心的情况，扩大讨论，征求意见。在跨部门座谈会上绝大多数部委的专家、主管领导明确表示，不赞成把互联网纳入一个部门管理的垄断模式中，赞成草案中由国务院经济信息化联席会议主持、联席办主管的拟建多个互联网中心的模式。

1995 年 11 月 7 日，国家经济信息化联席会议第四次会议召开，会议内容包括审查《中国互联网管理规定（暂行）》，讨论拟建的 4 个国家骨干网与外网的接口中心和中国互联网络信息中心，中方与国际互联网管理机构签署 MOU。国务院发展研究中心、国家科委、国家教委等部门认为，国家经济信息化联席会议第四次会议审查通过的由筹备组提出的这个草案，对于打破部门垄断，建设和发展互联网，推进国民经济信息化具有划时代的重要意义。

1996 年 1 月 15 日，《中华人民共和国计算机信息网络及国际联网管理暂行规定》（中国互联网管理规定）获批，批准建立 4 个中国互联网和中国互联网络信息中心，由新华社向全世界公告。

光荣与梦想

互联网口述系列丛书

陆首群篇

贰

做事要有探索改革、创新精神

您在吉通工作了三年吗？后来为什么提出辞职？

* * *

不，应该说是四年。我是 1995 年，也就是在吉通的第三年提出辞职的。1996 年，电子部的领导们担心我辞职后，吉通及“三金工程”的发展前途受影响，想挽留我继续在吉通担任名誉董事长，另外还说我在联席办的职务是由国务院任命的，希望我一定要在联席办继续任职。我婉拒了，但是他们认为我对“三金工程”、信息化、互联网最熟悉，影响也大，活动能力很强，有些大事还要我帮助疏通协调，希望我考虑。我表示如果一定要我担任名誉职务也可以，但有两个条件：一是担任名誉职务的时间不能太长，最好不要超过一年；二是我想回到北京市退休，请把我的档案退回北京市。他们同意我提的两个条件以后，我在吉通继续担任名誉董事长一年（联席办的职务还是向国务院请辞了）。

您在提出辞职时有没有留恋？

* * *

没有。我这个人事业心较强，淡泊名利，两袖清风，也不热衷于做官，只想干点实事，为党和国家多做贡献。

当年在与同仁们一起创建互联网时，很多美、英报刊要采访我，都被我拒绝了。后来有人竞相出版“中国信息化”的书籍，当时电子工业出版社的王志刚社长给我打电话邀稿，他说：“您最有资格出版这类书，只要您写，我保证出版。”我还是没写。

您觉得，在中国做官和做实业有哪些相互关联、相互促进的地方？如果让您重新选择，您选哪个？

* * *

我当过官，办过企业，教过书，也做过科研。改革开放以来，我特别注意处理好政企关系，坚持政企分开的原则，以防权钱结合引发腐败。

如今让我选择，不管是从政还是办企业经商，我都喜欢创新，不怕失败。人生路上不可能一帆风顺，失败是常事，不要怕失败，每干一项事业都要刻苦钻研，融会贯通，把握发展战略，定方向，干实事。失败后，吸取教训，站起来再干！不管在哪个岗位上，我都期望能干出一番事业来，特别是在我和信息化有了不解之缘之后，如果能促进我们国家信息化与工业化的融合、改造、提升，在这里面贡献我的一份微薄的力量，让我从政或办企业都可以。我崇尚实干，厌恶空谈，反对投机说假话，不傍大腕，独立思考，摆正政治方向，讲究实力政策，有实力才能做贡献。其实谈这些对我来说为时已晚，我快八十岁了，职务也已由实职变名誉，由名誉变荣誉，现在把荣誉职务也抛开了。我的经历、经验或教训，仅供年轻的朋友们参考吧！

光荣与梦想

互联网口述系列丛书

陆首群篇

叁

支持中关村电子一条街早期建设

1984 年到 1993 年这段时间，振兴办主要是在做什么？

* * *

北京电子振兴办公室是国务院批准成立的，负责现代电子信息产业北方基地和重大工程的建设，以及电子信息应用的推广工作。这个“北京”不光是北京市，指的是北京地区，还包括中央各部和科学院等在京单位。国务院组织中央各部和北京市领导参与成立了北京电子振兴领导小组。北京电子振兴办还有一项重要工作就是，支持和协助中关村电子一条街的建设，支持由当时的“下海”人员成立的民营企业科工贸业务的发展。

您的头衔很多，是吉通、首信的创始人，国务院信息办的常务副主任，中国人民银行、航天部、广电部信息化高级顾问，参与了中国互联网早期创建，是中国互联网开创者之一，还参与了联通、中国长城计算机集团公司的创建……听说您也参与了“中关村电子一条街”的早期建设，您可以谈一谈这方面的事吗？

* * *

当时我任北京电子振兴办公室主任，振兴办是早期民营企业科工贸创业以及中关村电子一条街的建设和形成的支持者之一。四通公司负责人在“三委一部一办”联合举办的大会上发言时，希望相关部委能公平对待民营企业，使他们能取得公平的市场竞争机会，接着话锋一转，说：“在政府方面我们也有支持者，刚才发言的振兴办陆主任就是我们中关村电子一条街民营企业的后台。”这番话说得我诚惶诚恐，其实我只是做了分内事。

民营企业创业之初有很多不顺，与派出所、税务所、海关、工商、环卫等部门打交道，遇到许多问题，受到很多制约，可以说是举步维艰。我们当时经常到中关村调研，帮他们疏通关系，解决问题。我还建议当时北京地区的有关领导和我们一起蹲点调查，之后有关部门出台了一些相关政策，为这些民营企业排忧解难，帮助这些企业可以茁壮成长。我们还支持这些民营企业享受国家贴息贷款等优惠政策。

最近我找到一份三十多年前的简报：《北京电子振兴办公室召开中关村民办企业经理、厂长座谈会纪要》（这份简报记录了当时的一些事情，详情见附件一）。联想[15]在中关村电子一条街上是后起者，当时称作“中国科学院计算所新技术发展公司”。我们对联想的创业活动也是全力支持的，他们在创业之初也在我们的支持下享受过贴息贷款。当时联想开发了“联想汉卡”，已经在市面上销售，开始有商业价值了。中科院党组书记、常务副院长严东生[16]找我，想要邀请上级领导到联想考察参观，对“联想汉卡”创造的商业价值予以鼓励。后来我们真的邀请到了上级领导，大家深受鼓舞。

1998 年我回到北京，联想副董事长李勤[17]给我打电话，说想与我见面，汇报工作。这次见面他们主要谈了这件事：联想一分为二，柳传志[18]扶持杨元庆[19]搞 PC，李勤扶持郭为[20]搞系统集成。

2014 年 10 月 8 日，联想集团董事长兼 CEO 杨元庆给我写了一封信，汇报联想的发展道路及取得的巨大成绩，感谢我多年来对联想的支持和帮助，邀请我时间方便时再次莅临指导。2016 年 6 月 2 日，我应邀率同仁赴联想交流，肯定成绩，指出不足，寄予希望！（详情见附件二、附件三）

光荣与梦想

互联网口述系列丛书

陆首群篇

肆

互联网+创新 2.0

您对“互联网+创新 2.0”有什么看法？

* * *

可以说，“互联网+”开启了信息经济全面发展的新时代。要想改造工业经济、重构传统业态，出路就在创新，而且需要高强度创新，“互联网+创新 2.0”+“传统业态重构新业态”。

众所周知，“基于知识社会创新2.0”是“基于工业社会创新 1.0”跨时代的升级版。为了改造工业经济，提升传统业态水平，人们期望以“信息时代/知识社会”为背景，但在当今全球还处于工业社会的这个绝对真实的物理世界中，人们期望的背景是不存在、找不到的。不过信息技术的发展使我们可以在现实世界物理空间之外营造一个映射“信息时代/知识社会”的虚拟现实的“场景”，即构建以互联网为载体、储存新一代信息知识资源、汇集深度信息技术及适配的智能管理，集其大成于一身的虚拟化网络空间，以此作为“创新2.0”的背景。

虚拟网络空间将以其无限时空、无限资源、划时代颠覆性超前技术的特性，突破现实物理空间的有限时空、有限资源、工业技术、传统业态的束缚，催生工业管理改革和呼唤“创新 2.0”机制出台，即借助虚空之力重构或创新时空中的业态。并利用虚拟现实（VR）技术，真正将人们领进现实工业系统的物理世界之中，在改造管理流程和创新业态时，体现以人为本、体验为先的理念，“创新 2.0”还将秉持创新、协调、绿色、开放、共享的发展理念。

建立在虚拟网络空间之上的“创新 2.0”是先进、强大、易用的创新引擎。当前，我国的现状和未来的发展要为正需要这种足够强大的创新引擎。而该引擎的易用性也为草根创新、小微企业创业，大众创业、万众创新营造良好环境，从而推动创客潮的发展，而规模宏大的创客潮反过来将增强创新力度。

您认为“创新 2.0”应该怎么操作？

* * *

我觉得“创新 2.0”的操作步骤为：

（1）在现实的工业社会物理空间之外构建一个储存数据、信息资源、汇集深度信息技术和适配管理于一体的虚拟化网络空间，虚空与实空对接，将虚空中新一代创新基因注入实空，促进传统业态蜕变重构。

（2）以虚空中的数据、知识或信息资源取代实空中的人力、自然资源，使业态赖以生存、运作的资源由原来的私有排他性、日常损耗性、运行低效性和开放共享性、永续可用性、运作高效性、使用无限性提供更好环境，为重构新业态创造条件。

（3）选择虚空中云（云计算）、物（物联网）、社（社交平台）、移（移动互联）、大（大数据）、智（人工智能）等深度信息技术（作为工具或手段）作用于实空中的传统业态，在经历碰撞（有时是激烈碰撞）、交互、融合（有时融合并不平和）过程后，促使该业态升级换代。

（4）“创新 2.0”是科学、技术和管理/体制的综合创新模式，以虚空中超前的创新思维指导，催生实空中传统业态的管理创新。创客（maker）是致力于把各种创意变为现实的人，是时下在双创（创新和创业）活动中最具创造力的草根群体（也有大企业精英）。近几年在中国掀起了一场波澜壮阔的创客潮，强大的创新引擎是网络空间中的“互联网+创新 2.0”。

您前面说要想改造工业经济，就要“互联网+创新 2.0”+“传统业态重构新业态”。那么您怎么看待“互联网+创新 2.0”与“工业 4.0”、工业互联网的相关问题？

* * *

今天我们生活在物理世界（工业社会），面临的问题是如何改革、改造、提升现实的物理世界，或如何创新、重构新业态或新生态。以前我们曾提出过解决方案（“创新 2.0”）。从“工业 4.0”和工业互联网的创新实践来看，印证了我们提案的可行性。

“工业 4.0”在 2011 年德国的汉诺威博览会上首次提及，德国人提出在物理（physical）世界之外构建并定义一个对应的虚拟世界，即信息数字世界（Cyber），推动两个世界连接，并以虚拟世界中的信息数字系统作用在、融合于物理世界中的传统工业系统，重构全新的数字物理系统（Cyber Physical System，CPS），或重构全新的制造方式（智能制造、智能机器、智能系统、智能工厂等）。

2013 年 6 月美国 GE 公司率先提出了工业互联网的概念，定义工业互联网为数字系统（虚拟世界）与现实工业系统（物理世界）的结合，以信息数字技术重构未来人、机、数据无缝协作的新的工业形态。上面两个实例表明了改造提升物理世界必须构建一个与之对应的、高于现实且更加先进的虚拟世界，以改造整合物理世界，重构新业态、新生态或新系统。这里虚拟世界的内涵是什么?整合物理世界的机制是什么?

德国人谈“虚拟世界的基础是数字、信息、大数据、软件等，它将整合很多更加全面、深度的信息数字系统”；美国人谈“虚拟系统包括计算、分析、感应技术及互联网等，推动两个世界连接、人机连接，并结合软件和大数据分析以重构全球工业，激发生产力，开辟制造业未来，让世界更美好更安全”。

GE 还举出改进航空发动机生产实例：在虚拟空间将收集到的大数据，利用互联网、物联网技术、软件、计算、大数据分析，整合物理空间的生产、使用、监控系统，以重构全新的生产方式、商业模式和管理系统。其实他们所谈的虚拟世界的内涵和机制就是新时代的创新引擎，与我们过去所谈的“创新 2.0”的内涵是一致的、机制是相通的。上述德国的“工业 4.0”、GE 推出的工业互联网与我们过去所谈的“创新 2.0”任务相同、机制相通（“工业 4.0”、工业互联网专注于制造业而“创新 2.0”涉及面更宽、创新力度更大）。

“创新 2.0”就是要在现实的工业社会物理空间（物空）之外构建一个映射信息时代知识社会的虚拟现实的场景，即虚拟化的数字网络空间（虚空）。虚空以互联网为载体，汇集数据、知识资源，整合超越时代具有颠覆跨界效应的深度信息技术（云、物、社、移、大、智），适配相应先进的管理/体制。如要改革改造现实物理世界，或创新重构新业态新生态时，将虚空与实空对接，将虚空中的新一代创新基因注入实空中，即以虚空中的数据知识资源置换实空中的人力、自然资源，以虚空中的深度信息技术作用于实空中的工业系统或传统业态，经历碰撞、交互、融合过程后，促使该系统或业态重构成新系统或新业态。“基于知识社会的创新 2.0”与“基于工业社会的创新 1.0”有一个时代差，其创新机制可用下列式子来表示：互联网+创新 2.0+工业生产方式或传统行业重构新生态或新业态。

目前，“互联网+”在国内十分风行。为了取得很好的创新效果，似乎需要将“互联网+”引申，以真正促进“业态转型”。您怎么看待这些问题？

* * *

如果我们选择“互联网+基于工业社会创新 1.0”这种创新孵化器，即以工业社会的“动能”驱动工业社会中的传统业态，这时只能形成“0→1”那种“微创新”或“低阶创新”的效果，无法促进“业态转型”，即无法促使传统业态变化以重构新业态；只有选择提高一个时代差的创新孵化器——“互联网+基于知识社会的创新 2.0”时，以知识社会中的“动能”驱动工业社会中的传统业态，才能形成“1→N”那种“高阶创新”效果，才能促进“业态转型”，即促使传统业态变化以重构新业态。

传统业态寓于工业社会（或工业经济）中，要实现“业态转型”，必须采集高于工业社会一个时代差的“知识社会”中的新动能，但这种“知识社会”（或信息社会）目前在世界上并不存在，我们只能架构映射这种“知识社会”的场景。

需要改造、转型的传统业态（或工业生产方式，或工业经济，或工业城市）存在于现实的工业社会现实空间（简称“实空”或“P 空间”）中，如果采用同处于工业社会“实空”中的“动能”（由传统互联网载体，人力、自然资源和工业技术及传统管理方式构成），作用于传统业态，很难促其“业态转型”；只有构建一个与“实空”并行的虚拟化数字网络空间（简称“虚空”或“C 空间”），在其中映射一个跨越时代即知识社会的虚拟化场景：在“虚空”中架构以现代互联网（≥Web 2.0）为载体，以数字、知识资源为基础，以深度信息技术（云、物、社、移、大、智、区、AR/VR……）和适配的先进管理为作用力，并构成综合动能，将“虚空”与“实空”对接，以“虚空”中的动能作用于“实空”中的传统业态，在经历碰撞、交互、融合过程后，催生该业态呈现“1→N”的转型、重构新业态（或智能生产方式，或新经济/数字经济，或智慧城市）。

“互联网+基于知识社会的创新 2.0”与我前面提到的德国的“工业 4.0”，美国 GE 公司推出的“工业互联网”愿景相同、机制相通，“工业 4.0”专注于智能制造，“工业互联网”专注于重构工业体系、重构全新生产方式，两者专注的重点是改造实体经济。“创新 2.0”涉及面更宽，包括重构智能生产方式、创建智能产业、发展数字经济，以及改造社会形态（如建设智慧城市）等。

光荣与梦想

互联网口述系列丛书

陆首群篇

伍

关于新经济

请您谈谈什么是新经济。

* * *

新经济的概念最早出现于 20 世纪 90 年代，近来中央也很重视发展新经济，但至今国际上还没有一个普遍接受的、通用的、统一的关于新经济的准确定义。

什么是新经济?我认为新经济是以信息革命为背景，以经济全球化为目标，以数字技术为基础，以知识资源为依托的经济形态。我认为新经济正在崛起，其发展是动态的，简而言之，新经济可看成改革传统工业经济向信息经济或数字经济过渡的经济形态。我过去曾说过新经济包括：第一，互联网经济（含电子商务，可扩展至云计算、物联网、互联网+，互联网+是指互联网+通信、社会、文教、服务，以及互联网+硬件制造、软件开发、系统应用等）；第二，以智能制造、大规模定制生产为支撑的智能经济；第三，开源经济（包含共享经济，创客经济，零边际效应社会/经济等）；第四，早期数字经济（仅以数字作为其经济活动标识的初级形态的数字经济，不考虑新经济分类中的重复项，一旦遇到具体重复项可作减项处理）；第五，其他。

您刚才对新经济的形态有了一个大致的介绍，下面是否可以针对每一个概念具体说说，比如开源经济？

* * *

我在 2015 年时就撰文指出，开源经济属于开放协同共享的类型，但并不排斥市场机制。开源经济是信息经济发展的典型“创新 2.0”范式。

关于开源经济，我的见解如下:

在经济学中，边际成本是指每一单位新增生产的商品带来的总成本的增量。具有协同共享共有的基本特征的开源经济将会降低边际成本。开源经济包括开源软件与信息服务业（经济）、分享（共享）经济、创客经济（基于开源硬件+开源软件），开源经济是新经济的重要组成部分。《第三次工业革命》作者杰里米·里夫金（Jeremy Rifkin）说开源经济是一种具有开放协同共享（共有）模式的新经济范式，在其新著《零边际成本社会》中，他再次确认开源经济是一种由市场经济转型的新经济范式。杰里米·里夫金认为，开放协同共享（共有）是一种新的经济活动模式，数十亿人既是生产者也是消费者（叫产消者），在互联网上共享能源、信息和实物，所有权被使用权代替，人类进入“开源经济”新纪元。他甚至大胆预言：“零边际成本社会的到来是大势所趋，将成为资本主义淡出世界舞台的开端。”他又说开源经济不会取代市场经济，两者将以共存形式形成一种混合经济。

我认为他后面的这段话更为现实，同时我想破解人们的疑惑或误解：如果零边际成本模式真的到来，那些投资者和企业家是否无法收回前期投入的成本？工程师和劳动者是否会失去创新的热情和动力？即使一些知名度很高的开源项目是否也很难获得利益回报？里夫金在他的著作中只谈开源的协同共享共有的核心价值和零边际成本效应，未谈到开源的商业模式，如果没有商业模式的结合或配套，开源是难以发挥其价值的，零边际成本也难以成立（当然他也谈到开源经济与市场经济共存的混合经济）。谈这些或许有助于大家理解里夫金的新书并能消除一些误解。我曾制表对比了两种经济范式。具体内容如下表所示：

市场经济 VS 开源经济

经济模式	市场经济	开源经济
经济活动类型	市场交易	协同共享（共有）
经济主体状态	生产者、消费者分工	产消者一体化（在互联网上产消者既是生产者又是消费者）
价值取向	交换价值	共享价值
权限	所有权	使用权
基础	专有（私有）	开源
发展驱动力	生产要素驱动（正在进行供应侧改革）	创新驱动（互联网+创新 2.0）
激励机制	物质刺激	创新民主化
成本	产业链累加成本	零边际成本

请您再谈谈共享经济?

* * *

共享经济，又叫分享经济，是使商业、服务、数据、资源、人才、体验等具有分享机制的社会经济体系。分享经济是以“协同共享”为主要特征的开源经济的重要组成部分，租赁经济、互联网平台经济都属于分享经济，随叫经济、零工经济、协作消费经济通常也是分享经济。

分享经济从物理上看，分享过剩或闲置资源；从价值上看，使用权高于所有权分享模式的实质是产权革命，表现为产权裂变，把传统所有权分离为支配权（物权中的“归属”）和使用权（物权中的“利用”），或分为所有权（仅保留支配权）和使用权（从所有权中分离），分享经济的价值是使用权高于支配权（使用而不占有）。

从商业模式上看，流行的商业模式是以租代买，所有者出售的产品免费，向使用者收取服务月租费；从创新机制上看，实行“互联网+创新 2.0”模式，做到资源利用最优化。分享经济具体模式包括租赁、易物、借贷、赠送、交换、合伙等形式。过去我曾举出一些主要的分享经济模式：①云计算模式；②互联网平台共享模式；③硅谷 1099 模式；④应需零工模式；⑤能源共享模式；⑥金融领域的众筹、P2P 等分享应用模式等。

分享经济是建立在“互联网+创新 2.0”的创新轨道上的（不要放低创新门槛，以致造成日本人所说的“不具有从 0 诞生 1 的能力”的“八宝粥”现象），在国内发展分享经济要与创客活动实行良性互动。

归纳起来分享经济的特点为使用权高于所有权或支配权，使用比拥有更有价值——打破商品或服务的生产者和消费者的分工界限，出现产消一体化的产消者角色。

流行商品模式以租代买——分享平台向交易双方提供了认证、撮合、评价、交易、服务的功能，本身不从事商品或服务的直接交易。

生产经营组织结构内部关系产生变化，管理者与劳动者关系变化或者雇佣关系变化，形成商业伙伴关系。

比如滴滴出行、Uber 等网约车，就属于分享经济，分享经济要突破某些现行制度的束缚，打破原有利益格局，阻力不小，我觉得我们应该以发展有助于传统经济转型为新经济的长远眼光，持宽容扶持的态度，为此，我曾多次、多场合发出相关呼吁。

关于数字经济，您又如何看待？

* * *

数字经济是传统经济改革转型的方向。去年我在

《开源、创新和新经济》一书中谈新经济时涉及“数字经济”这个概念。我曾指出，当前新经济由互联网经济、开源经济（包括共享经济、创客经济等）、智能经济和早期数字经济构成；新经济可看成由工业经济向数字经济过渡的形态。

加拿大人 Don Tapscott 于 1995 年发表了一篇文章《数字经济的时代的希望和危险》（*The Digital Economy: Promise and Peril in the Age of Networked Intelligence*），他是全球率先提出“数字经济”这个时代性概念的人士之一。

不久前我曾指出，迄今国际上还没有一个关于数字经济普遍接受的、确切的、统一的定义，主要原因可能是推动经济数字化转型的机制和架构尚在提升之中，即互联网生态、深度信息技术体系、开源文化、现代创新引擎还在逐步完善之中，数字经济尚未完全成熟。

随着电子商务的兴起，有人将早期数字经济定义为“以数字技术作为经济活动标识的经济范式”或“以数据作为关键生产要素的经济范式”。

现在看来，中国作为东道主在 2016 年 9 月 20 日举办的 G20 峰会上对数字经济给出的定义，似乎在科学性、确切性方面迈出了一大步，这个定义是：“数字经济指以使用数字化的知识和信息作为关键生产要素、以现代信息网络作为重要载体、以信息通信技术的有效使用作为效率提升和经济结构优化的重要推动力的一系列经济活动。”如此看来，这个定义与我们对促进经济转型的现代化创新引擎“互联网+基于知识社会的创新 2.0”及其机制的阐述和定义非常相似。

2016 年 G20 对数字经济的定义，实际上是采用现代创新引擎“互联网+创新 2.0”改造传统经济以重构数字经济，这属于智能型数字经济。

“第三次工业革命”提出者杰里米•里夫金（Jeremy

Rifkin）认为工业经济（市场经济）改革转型的方向应该是具有协同、共享特征的开源经济，这就提出了数字经济与开源经济在未来经济转型发展中是什么关系的问题。

开源是现代创新引擎“互联网+创新 2.0”的基础支撑，也是构建未来经济社会的重要基因。采用现代创新引擎“互联网+创新 2.0”改造传统经济以重构开源型数字经济，是推动传统经济向数字经济转型的重要途径。

结合传统经济的改革转型，我们将数字经济分成三类：

1. 第一类数字经济，以数据作为关键生产要素，以数字技术作为经济活动的驱动力，具有数字化、网络化、全球化特征。

2. 第二类数字经济，采用跨时代的现代创新引擎“互联网+创新 2.0”改造传统工业经济重构智能型数字经济新业态，具有第一类数字经济特征+知识化、智能化特征，智能型数字经济是数字经济的高级形态。

3. 第三类数字经济，采用跨时代的现代创新引擎“互联网+创新 2.0”改造传统工业经济重构开源型数字经济新业态，具有第二类数字经济特征+开源化（协同共享）特征，开源型数字经济是数字经济的最高形态。

如此看来，传统工业经济（市场经济）向数字经济转型时表现为三大特点：

1. 选择“新经济”作为经济转型的过渡经济形态。

2. 数字经济呈梯次发展（生产要素数字化经济、智能型数字经济、开源型数字经济）。

3. 数字经济与市场经济呈现共存互补态势。

归纳起来，我们可对数字经济给出如下定义：

1. 以数据作为关键生产要素，以数字技术作为其经济活动的标识，构成初级形态数字经济，具有数字化、网络化、全球化特征。

2. 采用跨时代的现代创新引擎“互联网+基于知识社会创新 2.0”改革传统工业经济（市场经济），重构智能型数字经济（高级形态的数字经济），具有数字化、网络化、智能化、知识化、全球化特征。

3. 采用跨时代的现代创新引擎“互联网+基于知识社会创新 2.0”改革传统工业经济（市场经济），重构开源型数字经济（最高级形态的数字经济），具有数字化、网络化、智能化、知识化、开源化特征。

4. 塑造开源型数字经济：在经济范式上促市场经济转型为数字经济，在运行机制上由交易行为转向协同共享，在价值取向上创造不同于交换价值的共享价值，在产权归属上从资产所有权向使用权方向倾斜，在激励机制上由商业性的物质刺激转向表彰奉献精神。

5. 数字经济与市场经济可以共存互补，而且共存互补是常态。

光荣与梦想

互联网口述系列丛书

陆首群篇

陆

个人成长历程

可以介绍下您的成长经历吗？

* * *

1936 年 1 月 17 日，我出生在江苏省无锡县的一个普通的农村家庭，父母都是农民。我的高中是在无锡市第一中学上的。

1953 年，我考进清华大学电机系电器专业，1958 年毕业，当时清华本科实行五年制。

1957 年到 1958 年做毕业设计的时候，我在沈阳电业局做 44 千伏日本断路器的增容设计改造，试验成功，增容 4 倍。该毕业设计刊登在 1958 年出版的《清华大学学报》上。在当年清华各系几百名应届毕业生中，我是被挑选出来进行毕业设计答辩的五名同学之一。

您是毕业之后就到了北京开关厂吗？

* * *

对。我在北京开关厂工作了 26 年，当过技术员，也当过总工程师和厂长，被授予“优秀厂长”和“劳动模范”等荣誉称号。改革开放开始的 1978 年，我开始在厂里推行综合经济责任制，实施品种质量战略。北京市政府在西四红塔礼堂召开全市工业大会，组织我们与首钢的“大包干”责任制打擂台。

您何时退休的？

* * *

我 1998 年从公职上退休。

回到北京市后，我向北京市贡献了两个想法：一是建议成立北京市信息办；二是建议创立一个跨部门合作搞信息化的首信公司[21]。2001 年 12 月，首信快要在香港创业板上市的时候，我提前从总裁的位置上退下来了。

您近来在做什么？平时有什么业余爱好？

* * *

我倒想在退休后休整一下，搞点业余爱好，但我停不下来，静不下来！前年，我出版了一本书，书名是《开源、创新和新经济》，受到国内外著名专家的赞扬和推荐。2017 年 6 月，Linux 基金会首次在中国召开“2017 LC3（北京）”国际会议（以研发深度信息技术为主题），授予我“推进开源终身成就奖”，2018 年 11 月，CNCF 基金会首次在中国召开“云原生+KubeCon，2018 中国”国际会议（以新一代云计算为主题），授予我“开源领袖大奖”。退休后，我这架机器还在不停运转，只能顺其自然，现在正在研究“开源、互联网、深度信息技术、现代创新引擎，新经济和数字经济”等问题。

顺便说一句，这本“话说”，从访谈、话说到完稿，前后 4 年多，耗费了我很大的精力，很多的时间，这也是在退休后做的。

我没有太多的运动，只是每天坚持走路 4000 ~ 6000 步，从几年来的体检结果看，身体还好。

（本文来自口述者，并有采访他人和查阅文档做印证整理，文字有所删减。口述者本来不赞成用口述形式写作，认为这样给人的感觉是自吹自擂，经劝说文档可与口述互相印证，一些敏感信息可由口述者、整理者、采访者共同把关。之后其勉为其难同意口述。感谢熊敏、杜康乐、王天阳等人为本文所做的贡献。）

语　录

○ 开源与互联网理念相通，互联网是基于开源的理念、技术和应用建立起来的，没有开源文化就不会有现代互联网。

○ 创新成就未来。“基于知识社会创新 2.0”是“基于工业社会创新 1.0”超越时代、强有力的升级版。

○ 为了改造工业经济，重构传统业态，欲在“大众创业，万众创新”中诞生“从 0 到 1 能力”的创新成果，必须采用跨越时代、强有力的创新引擎“互联网+创新 2.0”模式。

○ 开源软件是利他主义（Altruism）的，开源的商业模式是利己主义的，只有利他主义的开源与利己主义的商业模式相结合，才能使开源做贡献。这时开源既是商业的、公益的或个人爱好的，也是学术的。

○ 实体经济是社会繁荣之本，但需谨防产能过剩；虚拟经济是重构之力，但需谨防泡沫现象。重要的是要塑造虚拟经济与实体经济互促共存（避免相互冲击破坏）的新秩序、新规范。

附　录

附录一　互联网的神奇和挑战[22]

陆首群

（于 2015 年）

互联网始现于 1969 年，直到 1995 年互联网才在全球大普及，这成就了真正意义上的互联网。互联网大普及至今不过 20 年 [注]，英国《卫报》罗列了 20 年来与互联网发展相关的一些数字，看起来真令人眼花缭乱、震惊无比。互联网对地球人的生产、生活产生了巨大的影响。互联网以其开放、自由、连接、协同、共享的特征开辟了一个崭新的时代：发展了 30 亿网民（占 79 亿地球人的 38%）；推动了面向知识社会的“创新 2.0”模式，以互联网为载体构建了虚拟化的网络空间，并汇集新一代的知信资源和深度的信息技术，将用以改造、重构或融合现实物理空间中的传统生态，催生其嬗变或跃升，从而形成互联网时代的创新创业机制；互联网将构建后现代世界的主流经济模式——信息经济（互联网经济、分享经济、开源经济等）；从美国所谓的金融衍生品到中国创新的互联网金融，将助力催生普惠制金融，支持“上网建信”，并在与传统金融交融下横空出世；网络安全已上升为国家安全，在当前网络安全主导权被外国人掌控的开放环境中，尤其需要建立自主的网络安全保障；今天互联网将世界变成了“地球村”，远程通信、网上交易，以及医疗、教育等在线活动将变得更加快捷、简便。互联网将推动人类进步、经济繁荣、社会发展、文化弘扬、科技创新，引领世界走向未来。

所谓互联网经济，是指基于互联网所产生的经济活动的总和，包括经济主体的生产、交换、分配、消费等经济活动，以及金融机构和政府职能部门等主体的经济行为，还有从网上获取大量经济信息的活动，还包括在网上实现交易的行为和依靠网络进行预测、决策的活动等。当前阶段的互联网经济主要包括电子商务、即时通信（含微信、微博）、搜索引擎、网络游戏、视频服务、社交网络和商业广告及营销，智能终端尚未统计在内，个性化定制产品和服务刚起步。2014年中国互联网经济占 GDP 的 4.4%（全球为 3.3%）。据麦肯锡的分析报告预测，到 2025 年，中国互联网经济将在 GDP 总体中占 22%的份额。

展望未来互联网经济的发展领域：①由消费互联网业务扩展到生产互联网业务，如个性化定制、按需制造、众包众筹、异地协同设计，还有诸如远程医疗、远程教育等；②人工智能、智能机器人、智能系统、智能终端、车载系统、3D 打印等；③虚拟现实产品和服务等。

互联网时代互联网经济的三大逻辑将向工业社会工业经济的三大逻辑提出挑战：①在营销和协作上，以分布化冲击组织化。互联网经济营销活动将废除销售渠道，颠覆零售体系，通过互联网进行随机、直接、在线（或 O2O）的分布化营销方式，挑战工业经济有组织的、渠道式的销售网络；②在生产上，以体验化冲击产品化。互联网经济重视用户体验，进行个性化定制生产或服务，挑战工业经济组织标准化产品的规模化生产；③在技术上，以无中心化冲击中心化。互联网在技术上是去中心化的，采用分布式开发机制，利用互联网的传播功能将分散的碎片化整合起来，挑战工业经济依靠企业研发部门（以其为中心）进行集中式的开发设计活动。

互联网思维受到热捧。所谓互联网思维，拟归纳为：以人为本，体验为先，开放环境，连接基因，信息对称，去中心化，共享资源，自主安全，人人创新，大众创业。

人们希望把互联网思维作为迎接新时代进行转型和创新创业的指导思想。可是由于互联网变化太快，使传统企业深感转型压力并产生恐慌，即使像 BAT（指百度、阿里巴巴、腾讯）那样的互联网巨头，有时也对互联网发展之快和发展的不确定性感到迷茫。为此，一些人产生了对互联网思维的焦虑症。伴随着互联网思维模式的发展肯定要打破旧秩序，一些人对破坏性创新产生疑惧。面对神奇的互联网，一些人对互联网出现的消极现象进行质疑，甚至罗列了互联网现时显现出来的某些破坏性后果。这时就要求我们冷静理智、实事求是地对待和处理，既要不被互联网的“神奇”冲昏头脑，也要面对某些质疑和破坏性后果，在分析的基础上找出对策：①消除或降低互联网的负面影响；②对照现实，去伪存真，扬长避短，进行政策或技术上的调整；③权衡利弊，趋利避害。

英国《卫报》2015 年 2 月 9 日发表了一篇文章——《互联网是一场大骗局？》，该文质疑的一些基本论点如下：①互联网的原意是把权力交给人民，实行信息开放和传播自由，为此需要采用开放的、分布式的、民主化的技术建立一个平等的平台。但事与愿违，互联网却把惊人的权力和财富转移到极少数人的手里，这加剧了现实世界中的不公正、不平等。②互联网经济原意是激励亿万草根奋起创新创业的经济，但事后可能与当初的愿望相违，互联网经济作为数字经济，本质上就是“赢者通吃”的机制，互联网存在的某种结构性特征将导致企业垄断。③互联网标榜的“免费之风”将冲击创意产业和媒体行业；互联网企业怎么赚钱？能持久经营下去吗？互联网的“共享经济”不可能鼓励创新、刺激竞争、创造就业、散发财富、促进平等，难道这样的“免费之风”和“共享经济”不正说明互联网的破坏性后果已经显现出来了吗？

面对这篇文章对互联网的质疑，我们可以思考以下问题：如何防止互联网权力和财富过度集中？如何防止互联网企业走向垄断？如何改善互联网“赢者通吃”的局面？对于互联网的“免费之风”和“共享经济”，要探索其商业模式。

法国《回声报》网站 2015 年 2 月 20 日发表了一篇文章——《美国从超级大国变为网络强国》，文章揭露美国奥巴马政府与互联网集团（谷歌、苹果、脸谱、亚马逊，简称“GAFA”）联手，欲将互联网变成霸权工具。受网络霸权主义驱使，美国的安全策略越来越经由网络控制来体现，今后各种战争正在变成网络战争。反恐战争的历程表明，对全球各种形式的电话和计算机之间的通信联络进行全面和系统的监控，并在随后通过无人机消灭敌人，比常规战争更安全且风险更小。网络霸权和网络监控也是一种美国的霸权手段，一种美国政府的行为、思想和观念的文化载体。美国政府与网络巨头联手，互联网技术的发展，以及 GAFA 跨界业务的扩展，将极大地增加 GAFA 的权力。欧洲国家（以德国、法国为首）要求在数据方面对网络巨头加以规范，但美国指责他们搞“保护主义”。其实美国将互联网变成工具，实施的美国式的安全，这是以牺牲其他国家互联网安全为代价的。我国要使用好、发展好互联网，必须把网络安全提升到国家安全的高度，在提升自主的网络安全的同时，要反对、限制任何形式的网络霸权主义。

[注]：

互联网始现于 1969 年。

1983 年，TCP/IP 协议在网上运行。

1991 年，美国政府做出将这个新生网络向私企开放的决定。

1995 年，在互联网上传输的商业信息数量首次超过教育科技信息，互联网在全球大普及。

1994 年 12 月 30 日，国家经济信息化联席会议第三次会议授权国家经济信息化联席会议办公室（简称“联席办”）组织跨部门互联网筹备组。

1995 年 7 月 29 日，中国互联网筹备组完成创建首批中国互联网的顶层设计。

1995 年 8 月 16 日，联席办负责人与亚太互联网络中心负责人会谈，就中国互联网域名地址等资源分配、控权及中国互联网建设运行中的合作问题签订 MOU。

1996 年 1 月 15 日，国务院批准并向全世界公告中国建立 4 个互联网骨干网——CHINANET、CHINAGBN、CERNET、CSTNET，和中国互联网络信息中心一并投入运行，同时颁布了中国互联网的管理规定的法律文件。

附录二　首信公司与互联网电子商务

陆首群

（1999 年 12 月）

（向国家计委、国家科委重大课题专家评审组的汇报资料）

首信公司在中国互联网电子商务早期发展中做了大量开创性工作，在国内处于领先地位，并带动了国内互联网电子商务基础设施的建设。至 1999 年年底，有 150 家企业、网站入驻首信网络平台，主要有新浪、搜狐、8848、北京图书大厦、西单商场网络商店、宅急送物流、世纪互联、神州数码（FM365）、四通、中企网、中国在线、美国 AOL、清华（鼎新）、联想、方正（奥德）、同方（CNKI）、启明星辰、中国旅游网等。

1998 年，首信公司组建电子商务智囊团（由国内外电子商务、金融、税务、工商、安全、物流、法律等专家组成），提出在国内建设 B2C、B2B 电子商务的顶层设计。

1998 年，首信作为电子商务先行者之一，在国内先开展 B2C、B2B、C2C 电子商务，推动卡支付并支持、协助银行建立电子支付平台（首信也是第一批电子支付平台获证的使用者）。

1998 年，首信与北京图书大厦合作开展 B2C 电子商务在网上售书。首次开展 B2C 跨境电子商务，通过与浦东发展银行和美洲银行的合作及联网，把 B2C 电子商务建到美国，向洛杉矶、旧金山、纽约、波士顿等地华人区发售图书。

1998 年，首信与联想合作（联想总裁助理刘晓林及张峻等参与）在国内首次开展 B2B 电子商务大额交易试验，每笔交易额 2000 万元以上（中国工商银行业务主管单继进等参与合作）。

B2B 电子商务大额交易采用邮电部提供的互联网线路，从北京到香港进行跨境交易。这时发现交易延时太长，后来经过查证，我们发现原来邮电部从北京到香港的互联网专线不是直通的，中间要接入、走出 IBM 全球互联网，经过复杂的转接后才能实现交易。我们在进行 B2B 电子商务大额交易试验期间证明了在线业务流程的设计是合理的、安全措施是有保证的。

1999 年，首信与西单商场合作开展 O2O—B2C 电子商务（在物理商店之外建设网络商店），采用两种支付方式：线上买单，线上付款；线上买单，线下付款。

1998—1999 年，首信提出并基本解决了中国电子商务发展必须解决的七个瓶颈问题。

1. 认证问题

在支持、协助金融部门建设金融认证中心——CFCA的同时，为北京市建设北京认证中心——BJCA。

2. 支付问题

根据电子商务智囊团的建议，支持协助银行建设、开通支付平台。

3. 安全问题

建议成立国家商密办；支持自主开发高强度加密技术 SSL-128（当年美国对中国的加密技术只开放到40位，当128位自主开发突破，1999年10月1日对外公布后，美国才对128位宣布开禁）；支持开发推广数字签名和电子证书，以及各种加密技术的研究。

4. 物流配送问题

支持宅急送开展现代物流配送，从全国来说，需要打破地区分割，制定现代物流发展战略和规划。

5. 法律问题

在国家尚未对电子商务立法前，北京市特邀北京仲裁委员会负责以仲裁方式解决电子商务法律诉讼事务。

6. 网络问题

首信平台／金桥网正在成为连接网通、联通、广电网的联络网点。

7. 交易平台问题

建设首都电子商城电子商务交易平台。

建议成立跨部门高层阶的首都电子商城领导小组，不久就成立了由地方政府、人民银行、国内贸易部、工商行政管理局、国家税务总局、海关总署、国家商用密码管理办公室的高层领导参加的领导小组。交易平台涉及服务规程、交易机制、系统协同、信息通信、安全认证、法律保障等的建设，电子商城还要抓好企业审计、交易监管、应急调度、风险评估。我感到还有欠缺的地方是尚未解决好交易主体相互间的信任问题（我曾向国务院领导提议建设全国性的个人和企业的信用体系，否则网络欺诈造假等问题将难以根治）。

1999 年，AOL 公司代表访华考察中国互联网电子商务发展情况，其 CEO 对首都电子商城电子商务的架构和发展情况评价很高。

1999 年我们处理了一宗黑客攻击我们网络的事件：黑客在境外攻击点将病毒植入并潜伏在一家工商银行的服务器上，伺机对首信的网站进行攻击，发出大量碎片造成信道拥堵，致使全网瓦解。当时我们邀请国内外专家召开分析会查找原因，随后制定定期扫描及强化安全预防的有关措施。这是我们知道的国内互联网首次遭遇境外黑客恶意攻击（通过中间站二次攻击）的安全处理事件。

附　件

附件一　北京电子振兴办公室召开中关村民办企业经理、厂长座谈会纪要

会议由北京电子振兴办公室主任陆首群主持，中国工商银行北京分行行长，海淀区科委主任参加，市经委、市科委、市政府第三产业办公室、国家科委有关部门的主要人员出席。

1985 年 8 月 7 日、8 月 30 日振兴办召开中关村民办企业经理厂长座谈会，京海、科海、信通、四通、希望、科理、多思、金星、柯尧、兴业、陆协、中自、中信、京软、智力、华夏、科服等 20 多家企业负责人

积极参加会议并在会上踊跃发言。《中国电子报》《计算机世界》《国际电子报》《信息产业快报》《北京电子报》的记者参加了会议。

这些民办小企业多数是科学院、大专院校的教师、科技人员下海创办的，多数是集体所有制和私有制或混合所有制。他们进入市场急需与工商、税务、海关、公安、银行、城管等部门沟通，取得这些部门的支持。这些企业大多智力密集、贸科工起步，经营灵活，开发或经营了一批国内市场上的优势产品，有些产品还打进了国际市场。如四通公司开发、经营的 MS-2400 中英文打字机，科理公司开发的高分辨率（1024 像素 × 1024 像素）彩色大屏幕显示系统及朝文系统等。京海已承建全国 231 项计算机机房工程。他们进入市场，在开发、生产、经营、贸易诸多方面都遇到不少困难和阻力。

四通公司现有职工 200 多人，1984 年产值 998 万元，1985 年产值 3200 万元，1986 年计划产值 6000 万元，1987 年计划产值要突破 1 亿元。中关村电子一条街有这样的企业 47 家，去年产值 1.2 亿元，占海淀区工业总产值的 1/10，当年预计 2017 年计划产值可达 2 亿元，估计可占全市电子工业总产值的 1/10。有一批企业的劳动生产率达 10 万～25 万元/人年，为全北京市电子工业平均劳动生产率的 10～20 倍。

中关村电子一条街有一家电子产品综合商店，电子元器件品种在 5000 种以上，并设咨询服务部，品种规格之多，在全国也少见，吸引着全国的采购人员每天络绎不绝地前往。

在全北京市电子工业产值下降的势头下，这里的繁荣景象和生产增长势头，值得我们关注和研究。中关村电子一条街，是靠农业银行 4000 万元贷款起家的，这里的“铁饭碗”和“大锅饭”基本已经被砸破。

这批新生企业中有强者，也有市场表现不佳、岌岌可危的困难企业，在竞争中优胜劣汰，已然出现了企业兼并的现象，如四通接管了陆岛，我们认为这符合市场经济的发展规律。

在座谈会上，四通、信通、科海、京海、科理、希望等一批强势企业强烈呼吁“创造公平竞争环境”。他们在竞争中明白“联合增强竞争优势”的道理，在自愿、互利的基础上，一个“强者联盟”（或产业链生态系统联盟）正在中关村电子一条街上酝酿建立。

“下海”的创业者们对感觉到了社会的压力和许多人的议论、不解及观望，他们希望体制改革能迈开大步。他们对北京电子振兴办公室召开这两次座谈会，显得心情激动，为获得政府部门的支持和承认而“深受鼓舞”。

在信贷、价格、进出口，以及安全、城管等一系列政策和监管问题上，这批企业的普遍呼声是：一方面不要歧视，另一方面给予政策上的优惠。他们盼望着进一步改革搞活。

北京电子振兴办公室负责同志表示，要把这些民办企业的情况，以及它们的呼吁和诉求整理出来，向市委、市政府汇报，向中央报告，以便政府出面，协调各部门工作，搞好规划，制定政策，创造一个改革的环境。

附件二　联想集团的邀请信

（2014 年 10 月 8 日）

尊敬的陆首群会长：

联想的发展一直得到您的关怀，这里特别向您报告一个好消息：联想对 IBM x86 服务器业务的收购交易已于 10 月 1 日正式完成。通过收购，联想获得了 IBM 所有 x86 产品线及相关知识产权，以及遍及全球的近 7000 名员工、34 家研发实验室和办公室、7 家制造工厂。联想将跃升全球第三、中国第一的服务器厂商。

自2005年联想并购IBM个人电脑业务后，联想在全球市场努力开拓，坚持走自主创新驱动发展的道路，已经成为全球第一的个人电脑厂商，并且成为全球第三大的平板电脑制造商和第四大的智能手机制造商。去年联想的营业额为387亿美元，在财富500强中名列286位。

近些年，联想大力向移动领域、企业级和云服务业务领域拓展，加大转型升级力度。我们希望将企业级业务打造成为个人电脑之外的又一个增长支柱。此次收购将大大增强联想在全球企业级市场的实力，我们的目标是在一年之内企业级收入达到50亿美元，最终向全球市场领导者的位置发起冲击。

收购IBM x86服务器后，联想为中国客户提供了更多产业领先、技术先进和安全可靠的产品和解决方案。在国际服务器市场上也将进一步扩大中国品牌的版图，成为首个跻身三甲的非美国厂商，为今后继续通过自主研发方式，开拓新技术领域，奠定坚实的技术和知识基础。我们有信心为中国自主可控的信息产业发展做出更大贡献。

陆会长，在联想的发展历程中，来自国内领导的支持是我们拼搏向前的坚强支柱。此时此刻，我们更加感念您多年来对联想的关心和支持，在此，向您表示最衷心的感谢！诚挚邀请您在方便的时候再次莅临联想指导，我们当面向您汇报联想的具体进展和实践体会，聆听您的意见和建议。

再次感谢您，祝您身体健康，工作顺利！

联想集团董事长兼 CEO　杨元庆

附件三　走访联想集团

中国开源软件推进联盟（COPU）

（2016 年 6 月 2 日）

应联想集团 CEO 杨元庆邀请，陆主席率 COPU 同人赴联想交流，针对联想近年遇到的困难及其发展战略提出了一些分析意见，供其参考。陆主席说联想是一家国际化企业。我们把华为作为参考系，华为是一家实行国际化经营的民企。这两家同为优秀的国际化企业走的却是不同路径（可比也不可比）。2013 年联想营业额 387 亿美元，在 500 强中列 286 位，2014 年华为营业额 460 亿美元，排第 285 位。2015 年联想出现逆转，当年销售收入 449 亿美元，约为华为的 3/4，净亏 1.28 亿美元，华为净利润为 3.69 亿元。在 2013 年、2014 年，联想智能手机在全球占第 3 位、第 4 位，华为占第 6 位、第 7 位，在国内市场联想占第 2 位，华为占第 4 位；2015 年联想智能手机售出 6600 万部，同比下降 13%，2016 年一季度华为在全球上升到第 3 位，联想却滑出 5 强之外。总之联想智能手机 2013 年发展势头良好，2014 年地位稳固，2015 年发生逆转（MOTO 销量下降 11.9%）。陆主席分析主要原因如下：联想向移动互联结构转型拖沓，创新能力不足，采用“互联网+创新 2.0”模式自觉性不够，对开发利用开源资源认识不足，过分依赖国内三大电信运营商低质低价定制的渠道管理（其实苹果、三星在美国市场利用 AT&T、Verison、Sprint、T-Mobile 四大电信运营商高端定制的渠道管理效果还是很好的），手机型号混乱，低水平重复，开发力量分散，对 MOTO 移动正在衰退中的机制认识不足，更怯于对其改造（MOTO 在历史上丧失三次振兴智能手机的机遇，曾被寄予希望的 MOTO-X 开发更是低配置、高价格、传感器错位、软件滞后而陷于失败）。联想要制定富有进取性的发展战略，抓好创新并与支持新经济（开源经济、分享经济、创客经济）发展结合起来，跳出只抓单一新品的圈子，要抓好产业链生态系统全面创新。会上联想提出正在开发的三大智能手机品牌：ZUK（中高端产品，主打主流市场，今已发布最新旗舰手机 Z2Pro）、MOTO（中高端产品，国外市场或高科技高端人群）、乐檬（占领低端市场，针对商务人群）。陆主席说开发三大品牌还是要置于建设生态系统来考虑，今天的企业竞争是企业生态系统的竞争，如 SoC、苹果、三星、华为均自行设计生态系统，联想有何考虑？开发 MOTO 品牌是否要考虑改造其机制？开发拳头产品如何体现以用户为中心，重在用户体验和参与的理念？总之联想制定、执行的发展战略有待进一步推敲、细化。

相关人物

“互联网口述历史”已访谈以上相关人物，其“口述历史”我们将根据确认、授权情况陆续推出，敬请关注！

访谈手记

方兴东

可以说，每次做口述历史的访谈都是一次充满惊喜的旅程。在这个过程中，我们会有各种大大小小的发现，并收获难以言表的快乐。其中，一些发现会让人豁然开朗，仿佛对互联网的历史开启了一个全新的认识，与陆首群的访谈就是这样。

熟悉陆首群，已经是他退休开始从事开源软件推广的时候，他的身份是中国开源软件推进联盟主席。我们见面次数不多，彼此之间并没有太多深入的交往，相当于"熟悉的陌生人"。但是，第一次做陆首群的口述历史访谈就激发了我极大的兴趣。

对陆首群的访谈，先后进行了三次。每一次，这位年近 80 岁的长者都谈得非常认真，做了精心准备，而且还提供当年的资料作为佐证。他的口述，为我们了解 20 世纪 90 年代中国网络治理起步阶段鲜为人知的历史打开了一扇窗。

中国互联网今天取得的成绩，没有体制内的巨大贡献，是无法解释的。尤其是中国互联网发展初期，也就是 20 世纪 90 年代中期，那时的整体社会环境、思想氛围、体制内的群体面貌等，本身就值得我们仔细回味，深入挖掘。可以说，互联网在那时进入中国，是生逢其时，是中华民族之大幸！正如郑必坚校长所说的："互联网是中国的国运。"

陆首群是一位学者，也是一位长期置身在体制内的专家型领导，这影响了他为人处事的原则和风格。作为当年能够直接与政府高层打交道的专家型官员，个人特质也在关键时刻发挥了重要作用。

从体制内退休，陆首群又成了全球开源社区中最关键的中国人之一。2017 年 7 月，开源盛会 LinuxCon 首次在中国举行，Linux 创始人 Linus 也到会。陆首群被授予“推进开源终身成就奖”。当年作为体制内的官员，今天作为推动开源的旗手，这两者身份看起来相差甚远，但是在陆首群身上却得到了完美的统一，这是由一个人内在的价值观所决定的。

今天，还时不时从微信中传来他的最新思考，无论是“工业 4.0”还是“创新 2.0”，还是区块链和云原生的容器化。他对于国家战略的关注，对于技术前沿的关注，并没有因为年龄的增长而淡化。中国互联网的热闹，虽然无法凸显这些长者的身影，但是他们的确在历史大潮的深处，如同巨石一般的存在，在关键的时候保障着潮流的方向。他们低调地存在着，是我们所有人的幸运。

陆首群的口述历史列在第一批出版的图书目录中，我希望大家也能够和我当初一样，获得惊喜。当然，我更希望，这本书的出版，能够让老人自己满意，不辜负他为中国互联网做出的非凡贡献。

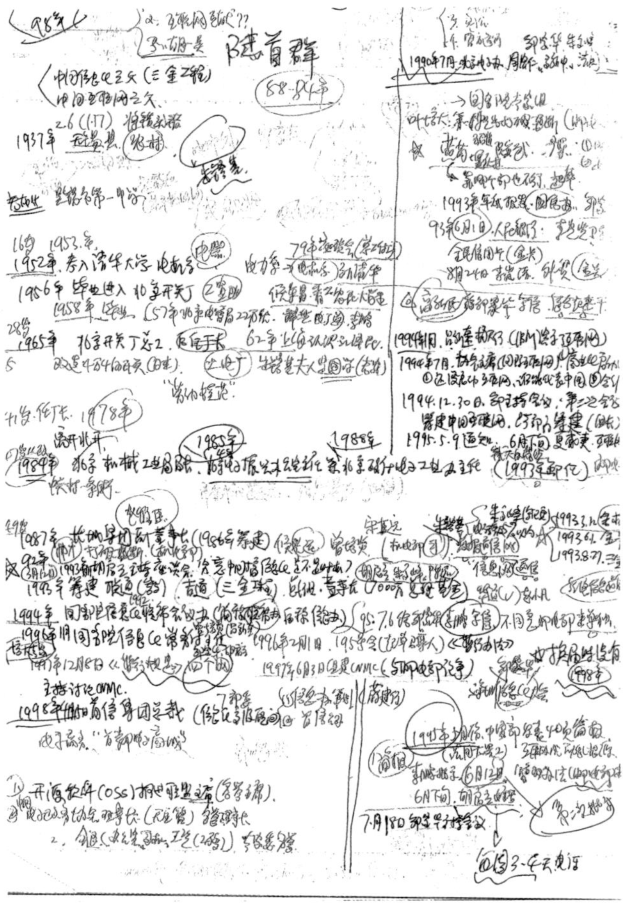

图为方兴东采访陆首群当天的访谈笔记（部分）。

人名索引

本书采用随文注释的方式。因书中提到人物较多，一些人物出现多次，只有首次出现时，才会注释。为方便读者，特做此索引，并在人物后面注明其首次出现的页码。

H

L

Q

X

Y

参考资料（部分）

[1] 陆首群．为什么要建设金桥工程[J]．中国计算机用户，1995（1）：11-13.

[2] 陆首群．信息化与网络建设[J]．信息系统工程，1997（1）：10-11.

[3] 陆首群．因特网[J]．信息系统工程，1997（9）：42-44.

[4] 陆首群．因特网——WWW 技术，结合中国工商银行信息基础设施，提出可能采取的网络结构[J]．信息系统工程，1997（10）：41-42.

[5] 刘忠枝，封勇，覃光华．中国电子商务时代的拓

荒者——信息产业部高级顾问、首信公司总裁陆首群教授访谈[J]. 科技潮，2000（3）：122-123.

[6] 刘韧，程天宇. 人物：首信总裁陆首群小记[EB/OL].（2001-03-25）. http://tech.sina.com.cn/it/m/59398.shtml.

[7] 刘韧，程天宇. 陆首群：在位置上就要做事情[EB/OL].（2001-04-07）. http://finance.sina.com.cn/fnew/2002-04-05/136.shtml.

[8] 谭欢. 首都信息公司总裁陆首群：用数码改造首都[EB/OL].（2002-04-08）. http://finance.sina.com.cn/fnew/2002-04-08/171.shtml.

[9] 陆首群. 笑看树已成荫[J]. 每周电脑报，2003（34）：42.

[10] 陆首群. 遵循 GPL 规范 扛起 Linux 大旗[EB/OL].（2004-02-03）. http://news.chinabyte.c

om/495/1764995.shtml.

[11] 陆首群. 开源是中国软件创新的机遇[EB/OL].（2006-07-28）. http://soft.yesky.com/info/150/2507650.shtml.

[12] 方烨. 电子政务发展力助简政放权[N]. 经济参考报，2013-07-03.

[13] 国家互联网信息办公室，北京市互联网信息办公室. 中国互联网 20 年：网络大事记篇[M]. 北京：电子工业出版社，2014.

[14] 陆首群. 开源的兴起[J]. 办公自动化，2015（3）：6-8.

[15] 陆首群. 互联网的神奇和挑战[J]. 办公自动化，2015（6）：11-12.

[16] 闵大洪. 中国网络媒体 20 年（1994—2014）[M]. 北京：电子工业出版社，2016.

[17] 方兴东. 九龙治水是中国网络治理的制度创新[N]. 21世纪经济报道，2016-04-06.

[18] 方兴东. 中国互联网治理模式的演进与创新——兼论“九龙治水”模式作为互联网治理制度的重要意义[J]. 人民论坛·学术前沿，2016（6）: 56-75.

编后记 1

站在一百年后看

赵　婕

热闹场中做一件冷静事

昨天、去年的一张旧照片、一件旧物，意义不大。但，几十年、上百年甚至更久之前，物是人非时的寻常物，则非同寻常。

试想，今日诸君，能在图书馆一角，翻阅瓦特发明蒸汽机的手记，或者蔡伦在发明纸的过程中，与朋友探讨细节之往来书帖。这种被时间加冕的力量，会暗中震撼一个人的心神，唤起一个人缅怀的趣味。

互联网在中国，刚过 20 年。对跋涉于谋生、执著于财富、仰求于荣耀、迷醉于享乐、求援于问题的人来说，这个工具，还十分新颖。仿佛济济一堂，尚未道别，自然说不上怀念。

人类的热情与恐惧，更多也是朝向未来。

一件事情的意义，在不被人感知时，最初只有一意孤行的力量。除了去做，还是去做，日复一日。一个人，不管他是否真有远见，是否真懂未雨绸缪，一旦把抉择的航程置于自己面前，他只能认清一个事实：航班可延误，乘客须准点。

一切尚在热闹中，需要有人来做一件冷静事。

方兴东意识到，这是一件已经被延误的事情，有些为互联网开辟草莱的前辈，已经过世了。在树下乘凉、井边喝水的人群中，已找不到他们的身影。快速迭代的互联网，正在以遗迹覆盖遗迹。他遗憾，“互联网口述历史”（OHI）还是开始得晚了一点，速度慢了一点。他深感需要快马加鞭，需要得到各方的理解与支持。

提早做一件已延误的事

步履维艰的祖母费力地弯腰为刚学步的孩子系上散开的鞋带，在有的人眼里，是一幅催人泪下的图景。一种面向死亡和终极的感伤，正如在诗人波德莱尔眼里，芸芸众生，都只是未来的白骨。

本杰明·富兰克林说：“若要在死后尸骨腐烂时不被人忘记，要么写出值得人读的东西，要么做些值得人写的事情。”

中国步入互联网时代以来，已有许多人做出了值得一书的事情。

然而，“称雄一世的帝王和上将都将老去，即使富可敌国也会成灰，一代遗风也会如烟，造化万物终将复归黄泥，遗迹与藩篱都已渐渐褪去。叱咤风云的王者也会被遗忘……”

因此，需要有人再做一件事：把发生在互联网时代里，值得记载的事情，记录下来。

必然的历史，把偶然分派给每一位创造历史的人。当初，这些人并不曾指望“比那些为战争出生入死的人更为不朽”，今日，还顾不上指望名垂青史。

来记录这段历史的人，绝不是为某人歌功颂德，而是要尽早做一件已延误的事。

那些发生的事情的来龙去脉，堆积在这个时代的身躯上。对重史崇文的中国人，自然会懂得民族长存的秘密，与汉字书写、与“鉴过往知来者”“宜子孙”的历史和源远流长的中华文化密切相关。

过去仍在飞行

2007 年年初,《“影响中国互联网 100 风云人物”口述历史》等报道出现在媒体上。接受采访的方兴东说:“口述历史大型专题活动，将系统访谈互联网界最有影响力的精英，全面总结互联网创新发展经验。”

当时，互联网实验室和博客中国共同策划的口述历史大型专题活动在北京启动。这是“2007 互联网创新领袖国际论坛”的重要组成部分。该论坛由原信息产业部指导，互联网实验室等单位共同举办。科技中国评选“影响中国互联网 100 风云人物”。

口述历史的对象，主要来自评选出的 100 位风云人物，包括互联网创业者、影响互联网发展的风险投资和投资机构、互联网产业的基础设施建设者、对互联网产业影响巨大的国内外企业经理人、互联网产业的思想家和媒体人乃至互联网产业的关键决策者，以及互联网先行者和技术创新的领头人。

方兴东认为，这些人物是互联网产业的英雄，他们富有激情和梦想，作为中国互联网的先锋人物，曾经或现在战斗在中国互联网的最前沿，对促进中国互联网发展做出了不同的贡献。口述历史，将梳理他们的发展历程，以媒体的视角来展示历史上精彩的一页，为互联网产业下一个 10 年的创新发展提供有益的参考。

在关注眼前、注重实效的现今业态下，人们似乎更乐于历史的创造，而非及时的回顾，尽管互联网“轻舟已过万重山”，矜持的历史创造者们，恐怕还是认为“十几年太短”。

记述历史和写作并不是方兴东的主业，他自己也在创业，企业的责任和负担无人替代他。所以，几年来，他见缝插针，断断续续访谈了几十人。在这个过程中，思路也越来越清晰。

2014年春，中国互联网发展20周年之际，方兴东正式组建了编辑出版“互联网实验室文库”的团队，“互联网口述历史”成为了这个团队的首要工作。

“在采摘时节采摘玫瑰花苞。过去仍在飞行。”

在方兴东眼里，中国互联网20年来得太激动人心了。互联网的第三个10年又开启了。很多人顺应、投入了这段历史，无论其个人最终成败得失如何，都已成为创造这段历史的合力之一。可能接下来互联网还会越做越大，但是最浪漫的东西还是在过去20年里。他觉得应该把这些最精彩的东西挖掘出来。趁着还来得及，有些东西需要有人来总结。有些人的贡献，值得公正、精彩、生动、详细地留下记录。

正是这样一个时代契机，各年龄、各阶层、各行业的草根或精英，有人穷则思变，有人“现世安稳岁月静好”，但都从各个位置，甚至是旁观位置，加入了这个“时代合唱”，成就了一种不谋而合的伟大，造就了乱花迷眼的互联网江湖。

方兴东自认为，投入“互联网口述历史”这件工作量巨大的事情，也有一些不算牵强的前提。他出生于世界互联网诞生的 1969 年，在中国出现互联网的 1994 年，他恰好到北京工作。他的故乡浙江是中国另一个巨大的“互联网根据地”。二十年间，他奔波北京、杭州之间，足迹留到全国各地，全程深度参与中国互联网事业，与各路英雄好汉切磋交往，也算近水楼台，大家能坦诚交谈，让这件事发生得十分自然。

还原互联网历史的丰富性

众所周知，互联网是一个不断制造神话又毁灭神话的产业，这个产业的悲壮和奇迹，出于无数人的努力奋斗、成就辉煌、前仆后继。

就如方兴东所说：“即使举步维艰，互联网天空，依然星光闪耀。至于现在这颗星星还是不是那颗星星，并没有太多的人关注。新经济、泡沫、烧钱、圈钱、免费、亏损，等等，几个极其简单的词汇，就将成千上万年轻人的激情和心血盖棺论定了——剔除了丰富的内涵，把一场前所未有的新技术革命苍白地钉在了‘十字架’上。既没有充分、客观地反映这场浪潮的积极和消极之处，也无法体现我们所经历的痛楚和欣喜。”

从“互联网口述历史”最初访谈开始，方兴东希望尽力还原这种“丰富的内涵”。

在中国互联网历程中过往的这些人物，不会没有缺点，也不可能没有挫折。起起伏伏中，他们以创新、以创业、以思想、以行动，实质性地推动了中国互联网的发展进程。“互联网口述历史”希望在当事人的记忆还足够清晰时，希望那些年事已高的开拓者还健在时，呈现他们在历史过程中的个性、素养和行为特质，把推进历史的坦途和弯路地图都描绘出来，以资来者。

在讲述过程中，个人的戏剧性故事，让未来的受众也能在趣味中了解口述者的人生轨迹和心路历程。

因此，“互联网口述历史”最初明确定位为个人视角的互联网历史，重视口述者翔实的个人历程。在互联网第一线，个人的几个阶段、几种收获、几个遗憾、几条弯路，等等；如果重来，他们又希望如何抉择，如何重新走过？概括起来，至少要涉及四个方面：个人主要贡献（体现独特性）、个人互联网历程（体现重要的人与事）、个人成长经历（体现家庭背景、成长和个性等）、关键事件（体现在细节上）。

但互联网又是个体会聚的群体事业。在中国互联网风风雨雨的历程中，在个人之外，还有哪些重要的人和重要的事，哪些产业界重大的经验和惨痛的教训，哪些难忘的趣闻逸事，如何评说互联网的功过得失及社会影响，等等，也是“互联网口述历史”必不可少的内容。

多元评价标准

“互联网口述历史”希望有一个多元评价标准。方兴东认为，目前在媒体层面比较成功的人士，他们的作用肯定是毫无疑问的。这么多用户在用他们的产品，他们的产品在改变着用户。我们一点都不贬低他们，同时也看到，他们享受了整个互联网所带来的最大的好处。中国互联网的红利给少数人披红挂彩。他们是故事的主角，但参演者远远大于这个群体。所以，“互联网口述历史”一定是个群像，有政府官员、投资者、学者、技术人员和民间人士等，当然，企业家是主角中的主角。

很多人很想当然地觉得，中国互联网在早期很自然就发生了。实际上，今天的成就，不在当初任何人的想象中，当初谁也没有这个想象力。“互联网口述历史”尤其不能忽略早期那些对互联网起了推动作用的人。当时，不像今天，大家都知道互联网是个好东西。当初，互联网是一个很有争议的东西。他们做的很多工作很不简单，是起步性的、根基性的，影响了未来的很多事情。当年，似乎很偶然，不经意的事情影响了未来，但其发生和发展，有其内在的必然性。这些开辟者，对互联网价值和内在规律的认识，不见得比现在的人差。现在互联网这么热闹，这么丰富，很多人是认识到了，但对互联网最本源的东西，现在的人不见得比那时的互联网开创者认识得深。

时势造英雄

生逢其时，每一位互联网进程的参与者，都很幸运，不管最后是成功还是失败，有名还是无名。因为这是有史以来最大的一次技术革命浪潮。这个技术革命浪潮，方兴东认为，也要放在一个时代背景下，包括改革开放、九二南巡，包括经济发展到一定阶段，电信行业有了一定基础，这些都是前提。没有这些背景，不可能有马云、马化腾，也不可能有今天。

方兴东认为，不能脱离时代背景来谈互联网在中国的成功，其一定是有根、有因、有源头，而不是无中生有、莫名其妙，就有了中国互联网的蓬勃发展。

20 世纪 80 年代的思想开放，与互联网精神、互联网价值观，有很多吻合之处。中国互联网从一开始，没有走错路、走歪路，没有出现大的战略失误。从政府主营机构，到具体政策的执行人，到创业者，包括媒体舆论。

中国特色互联网

中国与美国相比，是一个后发国家。互联网的很多基础技术、标准、创新都不是我们的，是美国人发明的，我们就是用好，发扬光大，做好本地化。方兴东认为，对于更多的国家来说，中国的经验实际上更有参考价值。因为相对于这些国家来说，中国又变成了一个先发国家。毕竟，现在全世界，不上网的人比上网的人要多。更多国家要享受互联网的益处，中国具有重要参考意义。因此，“互联网口述历史”具有国际意义。我们做这些东西，不是为了歌功颂德，而是为了把这些人留在历史里，才把他们记录下来。

不能缺席的价值观

互联网在中国的成功，毫无疑问，超出了所有人的想象。但是，方兴东认为，中国互联网仍存在明显的问题，例如，过分的商业化、片面的功利化、时髦和时尚借口下的浅薄化存在于互联网当中，而且可能会误导互联网发展。“互联网口述历史”希望在梳理历史的过程中，能把这些问题是非分明地梳理出来。

从理想的角度来看，互联网应该成为推动整个中国崛起的技术的引擎，它带来的应该是更多积极、正面的力量、方便和秩序。互联网的从业者，包括汇聚了巨大财富和社会影响力的人，如果他们能够有理想，互联网在中国的变革作用会大得多。互联网的大佬们是巨大财富和巨大影响力的托管人，他们应该考虑怎样把自己的财富和影响力用好，而不是简单作为个人的资产，或者纯个人努力的结果。在个人性和公共性方面，如果他们有更高的境界、更清醒的意识和更多的自觉，会比现在好得多。现在，总体上来说，是远远不够的。

方兴东认为，中国互联网 20 年来，真正最有价值、最闪光的东西，不一定在这些大佬们身上，反倒可能在那些不那么知名的人身上，甚至在没有从互联网挣到钱的人身上。推动中国互联网历史进程关键点的人，也不一定是这些大佬。因此，“互联网口述历史”采访名单的甄选，是站在这样的观点之上的，可能与有些媒体的选择不同。

站在一百年后看

中国互联网的历史，从产业、创业、资本、技术及应用等方面看，是一部中国技术与商业创新史；从法律法规、政府管理举措、安全等方面看，是一部中国社会管理创新史；从社会、文化、网民行为等方面看，是一部中国文化创新史。

目前，我们在国内采访的人物已达 100 余位，主要是三个层面的人物，能够全景、全面反映中国互联网创业创新史。以前面 100 个人为例，商业创新约 50 人，细分在技术、创业、商业、应用和投资等层面；制度创新约 25 人，细分在管理、制度和政策制定等层面；文化创新约 25 人，细分在学术、思想、社会和文化等层面。他们是将中国社会引入信息时代的关键性人物，能展示中国互联网历史的关键节点。采访着眼于把中国带入信息社会的过程中，被访者做了什么。通过对中国互联网 20 年的全程发展有特殊贡献的这些人物的深度访谈，多层次、全景式反映中国互联网发生、发展和崛起的真实全貌，打造全球研究中国互联网独一无二的第一手资料宝藏。

王羲之曾记下永和九年一次文人的曲水流觞的雅事，“列叙时人，录其所述”，让世世代代的后人从《兰亭集序》的绝美墨迹中领略那一次著名的“春游”，“虽世殊事异，所以兴怀，其致一也。后之览者，亦将有感于斯文。”

方兴东希望通过“互联网口述历史”项目的文字、音频、视频等各种载体，让一百年后的人、甚至是更远的未来者看到中国是怎么进入信息社会的，是哪些人把这种互联网文明带入中国，把中国从一个半农业、半工业社会带入了信息社会。

2014 年，从全球“互联网口述历史”项目的工作全面展开，到 2019 年互联网诞生 50 周年之际，我们将初步完成影响互联网的全球 500 位最关键人物的口述采访工作。这一宏大的、几乎是不可能完成的任务，正在变为现实！

编后记 2

有层次、有逻辑、有灵魂

刘　伟

“互联网口述历史”的维度与标准

“互联网口述历史”（OHI）是方兴东博士在 2007 年发起的项目，原是名为“影响中国互联网 100 人”的专题活动，由互联网实验室、博客网（博客中国）等落实执行。在经过几年的摸索与尝试后，2010 年，方兴东博士个人开始撸起衣袖集中参与和猛力突击。因此，“互联网口述历史”在 2007 年至 2009 年是试水和储备，真正开始在数量上“飞跃”起来，是从 2010 年下半年开始的。

这些年，方兴东博士一边“创业”，一边默默采集、积累“互联网口述历史”的宏巨素材。一路走下来，前前后后的几个助理扛着摄像机、带着电脑跟着他。助理们有走有来，而他，一坚持就是十年。

2014 年，我从《看历史》杂志离职，参与了“互联网实验室文库”的筹备，主持图书出版工作，致力于打造出“21 世纪的走向未来丛书”。“互联网实验室文库”的出版工作包括四大方向：产业专著、商业巨头传记、“口述历史”项目、思想智库。

在之后的时间里，“互联网实验室文库”出版了产业专著、商业巨头传记、思想智库方向的十余本书，而“口述历史”却未见成果出品。当然，这是因为“口述历史”创造了六个“最”——所需的精力消耗最大，时间周期最长，整理打磨最精，查阅文献资料最繁，过程折磨最多，集成的自主性最少……

以往，一本书在作者完成并有了书稿后，进入编辑流程到最后出版，是一个从 0 到 1 的过程。而为了让别人明白做“口述历史”的精细和繁冗，我常说它是从-10 到 1 的过程。因为“口述历史”是一个“掘地百尺”的工作，而作为成果能呈现出来的，只不过是冰山一角。在“口述历史”的整理之外，我们还积累形成了 10 余万字的互联网相关人物、事件、产品、名词的注释（词条解释），50 余万字的中国互联网简史（大事记资料），以及建立了我们的档案保存、保密机制等，这些都是不为人知的，且仅是我们工作的一小部分。

“过去”已经成为历史，是一个已经灰飞烟灭的存在，人们留下的只是记忆。“口述历史”就是要挖掘和记录下人们的记忆，因为有太多的因素影响着它、制约着它，所以，我们需要再经稽核整理。因此，“口述历史”中的“口述者”都是那些历史事件的亲历、亲见、亲闻者。

北京大学的温儒敏教授曾经这样评价“口述历史”这一形式：“这种史学撰写有着更为浓厚的原生态特色，摆脱了以往史学研究的呆板僵化，因而更加生动鲜活，同时更多的人开始认识到这种口述历史研究的学术价值，而不是仅仅被视为一种采访。相对于纯粹的回忆录和自传，这种口述历史多了一种真实到可以触摸的毛茸茸的感觉。”

“口述历史”让历史变得鲜活，充满质感，甚至更性感。

我在采访方兴东博士，要其做“访谈者评述”时，他曾在评述之前说了这么一段话：“互联网不仅仅是那些少数成功的企业家创造的，它实际上是社会各界共同创造的一个人类最大的奇迹——中国互联网能够有 8

亿网民，这绝对是全球的一个奇迹。中国有一大批人，他们是互联网的无名英雄，基本上在现在的主流媒体上看不到他们。但我觉得这些人在互联网最初阶段，在中国制定轨道的过程中，铺了一条方向上正确的道路，而且很多东西当年可能是一件很小的事情，但实际上最终起了关键性的作用。我们试图在‘互联网口述历史’里，把这个群体中的代表人物挖掘出来、呈现出来。”

我想，这是方兴东博士的初心，也是“互联网口述历史”项目产生的源头。

出版人和作家张立宪（自称老六，出版人、作家，《读库》主编——编者注）曾讲过一则与早期的郭德纲有关的故事：“那时候郭德纲还默默无闻，他在天桥剧场的演出只限于很小的一个圈子里的人知道……当时就和东东枪商量，我们要做郭德纲，这个默默无闻的郭德纲。但是世界的变化永远比我们想象中的快，从东东枪采访郭德纲，到最后图书出版大概是半年的时间，在这几个月的时间里，郭德纲老师已经谁都拦不住了。那时候就连一个宠物杂志都要让郭德纲抱条狗或者抱只猫上封面，真的是到那个程度。但是我们依然很庆幸，就是我们在郭德纲老师被媒体大量地消费、消解之前，我们采访了他，'保存'了他。一个纯天然绿色的郭德纲被我们保留下来了。其实这也是某种意义上的抢救，这种抢救不仅仅指我们把一个很了不起的人，在他消失之前、在他去世之前给他保存下来；也包括像郭德纲老师这样的人，他虽然现在依然健在，但是'绿色'郭德纲已经不见了，现在是一个'红色'的郭德纲。"

从某种程度上讲，"互联网口述历史"也是在尽可能抢救和保留"绿色"的互联网人。所不同的是，我们不是预测，而是寻找、挖掘、记录、还原、保存。因为我们是基于"历史"，是事发之后的、热后冷却的、不为人知的记载。至于"绿色"的意义，我想就像常规访谈与口述历史的差别，因为所用的方法、工艺、时间、重心完全不同，当然也就导致了目的与结果的不同。

“口述历史”是访谈者和口述者共同参与的互动过程，也是协同创造的过程。因此，“口述历史”作品蕴含着口述者和访谈者（整理者、研究者）共同的生命体验。

“口述历史”一般有专业史、社会史、心灵史几个维度。在“互联网口述历史”中，因选题缘故，我们还辐射了更多不同的维度与向度，如技术史（商业史）、制度史（管理史）、文化史（社会变革史）以及经济学家汪丁丁教授强调的思想史。

在“互联网口述历史”近十年的采集过程中，其技术设备一样经历了“技术史”的变迁。例如，在2007—2013年，用的还是录像带摄像机，而在2014—2016年，用的是存储卡摄像机。

“互联网口述历史”从采集到整理的过程中，我们始终秉承着这样几个标准：有灵魂、有逻辑、有层次、有侧重，注重史实与真相。

“互联网口述历史”的取舍与主张

在采集回的资料的使用上，我们采用了“提问+口述+注释”的整理方式，而非“撰文+口述”的编撰方式。这样的选择，就是为了能够不偏不倚、原汁原味地还原现场，并且不破坏其本身的脉络与构造，以及我们在其上的建构。我们希望做到，像拓片与石碑的关联。

在资料整理过程中，我们也是严格按照“口述历史”的方式整理、校对、核对、编辑、注释、授权、补充、确认、保存的（为什么授权顺序靠后，我在后面解释），但在图书出版的最后，也就是目前呈现在读者眼前的文本——严格意义上说已经不是特别纯的“口述历史”了。因为读者会看到，我们可能加入了 5%左右别处的访谈内容。这么做有的是因为文本需要，有的是因为空缺而做的“补丁”，有的是口述者提供希望我们有所用的。对这些内容的注入，我们做了原始出处的标注，并同样征得了“口述者”的确认。

在整理的过程中，应访谈者的要求，我们弱化了其角色特征，适当简化了访谈者在访谈中的追问、确认、区辨等“挖掘”过程，尽可能多地呈现口述者的口述内容，即直接挖出的“矿”；也简化了部分现场访谈者对口述者的某些纠正。这样的纠正有时是一来二去，共同回想，提坐标、找参照，最终得以确定。这样的“简化”也是为了方便和照顾读者，我们尽量压缩了通往历史现场过程中的曲折与漫长。

在时间轴上，我们也尽量按照时间发展顺序做了调整，但因“记忆”有其特殊性，人的记忆有时是“打包”甚至“覆盖”的（只有遇到某些事件时，另一些事才能如化学效应般浮现出来，而如果遇不到这些事件，它可能就永远沉没下去了），因此，会有部分“口述者”的叙事在“时间点”上有连接和交叉，所以，显得稍有些跳跃或回溯。在这种情况下，我们没有为了梳理时间顺序而强行分拆、切割或拼搭。

在口语上，我们仍尽可能保留了各“口述者”的特色和语言风格，未做模式化的简洁处理。所以，即使经过了“深加工”的语言，也仍像是“原生态的口语”，只是变得更加清晰。

时常有人关心地问：“你们的‘互联网口述历史’怎么样了？怎么弄了这么久？”其实这是难以言表的事，我们很难让人了解其中的细节和背后的功夫。“口述历史”中的那些英文、方言、口音、人名、专业词汇，有时一个字词需要听十几遍才能“还原”；有时一个时间需要查大量资料才能确认；与“口述者”沟通，以及确认的时间，有时又以“年”为沟通的时间单位，需要不断询问与查证，因为这期间也许遇有口述者的犹豫或繁忙；为了找到一条“语录”，我们可能要看完“口述者”的所有文章、采访、演讲……就是这一点又一点的困难、艰辛、阻碍，造成了“口述历史”的整理及后续的工作时间是访谈时间的数十倍。

台湾地区的“中央研究院近代史研究所”前所长陈三井曾说：“口述历史最麻烦的是事后整理访问稿的工作。这并不是受访人一边讲，访问人一边听写记录就行了。通常讲话是凌乱而没有系统性的，往往是前后不连贯，甚至互有出入的。访问人必须花费很大的力气加以重组、归纳和编排，以去芜存菁。遇有人名、地名、年代或事物方面的疑问，还必须翻阅各种工具书去查证补充。最后再做文字的整理和修饰工作，可见过程繁复，耗时费力，并不轻松。”

我曾和团队同事分享过这样一个比喻：整理口述

历史，就像“打扫”一个书柜，有的人觉得把木框擦干净就可以了；有的人会把每一本书都拿下来然后再擦一遍书架；还有的人在放进去之前会把每本书再轻拭一遍。而我们呢？除了以上动作，还需要再拿一根针把书架柜子木板间的缝隙再“刮”一遍，因为缝隙里会有抹布擦拭的碎纤维、积累的灰尘、纸屑，甚至可能有蛀木的虫卵……（我当时分享这个比喻的初衷，就是提示我的同事，我们要细致到什么程度。现在看来，这个比喻也同样表现了我们是怎么样做的。）

在“互联网口述历史”的出版形式上，我们也曾纠结于是多人一本，还是一人一本。在最早的出版计划中，我们是计划多人一本（按年份、按事件、按人物），专题式地出版一批有“体量”的书。当多人一本的多本“口述历史”摆在一起时，才能凸显“群雕”的伟岸，也因为多人一本的多文本原因，读者阅读起来会更具快感，对事件的理解视角也更宽广，相互映照补充起来的历史细节及故事也更加精彩（也就是佐证与互证的过程）。

然而实际情况是，我们没有办法按照这种“完美”的形式去出版。因为“口述历史”是一个逐渐累积的过程，无论是前期的访谈，中期的整理，还是后期的修订、确认，它们都在不同时间点有着不同程度上的难点，整个推进过程是有序不交叉且不可预知的。最早采访和整理的也许最后才被口述者确认；最应先采访的人也许最后才采访到；因为在不停地采访和整理，永远都可能发现下一个、新的相关人……这样疲于访谈，也疲于整理。囿于各种原因，我们没办法按照我们“梦想”的方式出版。因此，最终我们选择了呈现在读者眼前的“一人一本”的出版方式，出版顺序也几乎是按照“确认”时间先后而定的。我们同样放弃了优先出版大众名人、有市场号召力的人物、知名度高的口述者，以带动后面“口述历史”的想法。

尽管我们遗憾未能以一个更宏伟具象的“全景图”

的形式出版，但一本一本地出版，也有专注、轻松、脉络清晰、风格一致的美感，仍能在最后呈现出某种预期的效果。未来也仍能结集为各种专题式的、多人一本的出版物，将零散的历史碎片拼接成为宏大的历史画卷。因此，希望读者能理解，目前的选择是在各种原因、条件和实际困难“角力”后的结果，这其中有得有失，瑕瑜互见。为体恤读者，呈现群雕之张力，我在这里列举几位口述者的“口述历史”标题，先睹为快：《胡启恒：信息时代的人就该有信息时代的精神》《田溯宁：早期的互联网创业者都是理想主义》《张朝阳：现在的创业者一定要设身处地想想当时》《张树新：我本能地对下一代的新东西感兴趣》《吴伯凡：中国互联网历史，一定是综合的文化史》《陈年：以前互联网都很苦，大家集体骗自己》《刘九如：培训记者，我提醒他们要记住自己的权利》《胡泳：人们常常为了方便有趣而牺牲隐私》《段永朝：碎片化是构成人的多重生命的机缘》《陈彤：我做网络媒体之前也懵懂过》《王峻涛：创业时想想，要做的事是水还是空气》《陈一舟：苦闷是必需的，你不苦闷凭什么崛起》《黎和生：其实做媒体主要是做心灵产品》《冯珏：现在的互联网没当年的理想和热情了》《王维嘉：人类本性渴望的就是千里眼、顺风耳》《洪波：中国互联网产业能发展到今天得益于自由》《方兴东：互联网最有价值的东西，就是互联网精神》《陈宏：当时想做一个中国人的投行，帮助中国企业》《许榕生：我所做的其实只是把国外的技术带回中国》……举例还可以列很长很长，因为目前我们已整理完成了 60 余人的口述历史，以上举例的部分“口述历史”标题，有些可能稍有偏颇，甚至因为脱离了原有的语境而变成了另外的意思；有些可能会对“口述者”及业界稍有冒犯；有些可能会与实际出版所用标题有所出入。在此，希望得到读者的理解和谅解。

在事实与真相上，我们也希望读者明白：没有“绝对真相”和“绝对真实”。我们只是试图使读者接近真相，离历史更近一些。“口述历史”不能代替对历史的解释，它只是一项对历史的补充。同时希望读者能够继续关注和阅读，我们将继续出版更多的“互联网口述历史”，形成更广大的历史的学习和理解视角，以避免仅仅停留在对文字皮相的见解上。我们也要明白，还要有更多的阅读，才能还原群体之记忆。不同口述者在叙述相同事件时，一些细节会有不同的立场和不同的描述，甚至有不小的差别，这些还需要我们继续考证。

中国现代文学馆研究员傅光明曾说：“历史是一个瓷瓶，在它发生的瞬间就已经被打碎了，碎片撒了一地。我们今天只是在捡拾过去遗留下来的一些碎片而已，并尽可能地将这些碎片还原拼接。但有可能再还原成那一个精致的瓷瓶吗？绝对不可能！我们所做的，就是努力把它拼接起来，尽可能地逼近那个历史真相，还原出它的历史意义和历史价值，这是历史所带给我们的应有的启迪或启发。”

尽管“互联网口述历史”项目目前是以书籍的形式出现的，展现的是文本，但我们希望在阅读体验上，能够呈现出舞台剧的效果，令读者始终有“在场感”。在一系列访谈者介绍、评述过后，可以直接看到“口述者”和“访谈者”坐在你面前对话；“编注”就是旁白；“语录”是花絮，方便你从思想的层面去触摸和感受“口述者”；“链接”是彩蛋，时有时无，它是“口述者”的一个侧面，或与其相关的一些细枝末节；“附录”是另一种讲述，它是一段历史的记录，来自另一个时空中。当“口述历史”本身完结后，“口述者”或说或写的会成为一段历史、一批珍贵的历史资料。你会发现，在历史深处的这些资料，也许曾是预言，也许在过去就非常具有前瞻性，也许它是一种知识的普及，也许它是对“口述历史”一些细节的另外的映照或补充，也许它曾是一个细分领域的入口或红利的机会……

有些口述者讲述了自己儿时或少年的故事，用方兴东博士的话说：那是他们的“源代码”。

美国口述历史学家迈克尔·弗里斯科（Michael Frisch）说："口述历史是发掘、探索和评价历史回忆过程性质的强有力工具——人们怎样理解过去，他们怎样将个人经历和社会背景相连，过去怎样成为现实的一部分，人们怎样用过去解释他们现在的生活和周围的世界。"

"互联网口述历史"的形式与意义

做"口述历史"时常有遗憾（它似乎是一门遗憾的学问和艺术）。遗憾有人拒绝了我们的访谈请求（有些是因为身份不便；有些是因为觉得自己平凡，所做过的事不值得书写）；遗憾有些贡献者已经离开了我们，无法访谈；遗憾一些我们整理完毕已发出却无法再得到确认的文本；遗憾一些确认的文本被删得太多；遗憾一些我们没问及的内容，再也补不回来；遗憾一些口述者避而不谈的内容；遗憾不能让历史更细致地呈现；遗憾一些详情不便透露；遗憾有些口述者已经不愿再面对自己曾经的口述，因而拒绝了确认和开放；遗憾我们曾通过各种资料、各种方法抵达口述者的内心，但能呈现给读者的仍不过是他们的一个侧面，他们爱的小动物、他们做的公益等，囿于原材料和呈现方式，这些都无法在一篇口述历史中体现；有些东西小而闪光，但我们没法补进来，遗憾有些补进来了又被删掉了；遗憾文本丢掉的“镜头语言”，如“口述者”的表情、动作、笑容、叹息、沉默、感伤、痛苦……遗憾“文本”丢失了“口述者”声音的魅力；遗憾我们没有更先进的表达和呈现方式（我们拥有“互联网口述历史”的宝贵资料和“视听图影”资源，却不能为读者呈现近乎 4D、5D 的感官体验，也未能将文本做成“超文本”）；遗憾我们时间有限、人力有限、精力有限……无论如何，今天呈现在读者面前的并不是“最好的成果”，它还有待您与我们共同继续考证、修正、挖掘和补充，它也可能只能存在于我们的梦想和希冀之中了。

尽管到目前为止我们已经做了许多工作，但也依然只是一小部分，我们仍处于采集、整理阶段，在运用、研究等方面，我们还少有涉及。未来，“互联网口述历史”会被运用到各类社会、行业研究和课题中，被引入种种类型、种种框架、种种定义、种种理论、种种现象、种种行为、种种心理结构、种种专业学科中，成为万象的研究结果，以及种种假设中的“现实”依据，解答人们不一的困境和需求。它还可以生成各类或有料、有趣、有深度、有沉积的数据图、信息图，实现信息可视化、数据可视化。

因为“互联网口述历史”还能抚育出无数的东西，所以，这又几乎是一项永远未竟的事业。

呈现在读者面前的“口述历史”，是有所删减的版本，为更适于出版。尽管“互联网口述历史”先以图书的形式呈现，但图书只是“互联网口述历史”的一种产品形式，而且只是一个转化的产品，它并非“互联网口述历史”的最终产品和唯一产品。自然地，由于图书本身的特性及文化传播价值，它也得到我们出版单位和社会各界的重视和支持。本套“互联网口述系列丛书”，也获得了国家出版基金的支持。2017 年年底，根据刘强东口述出版的作品《我的创业史》，获得了《作家文摘》评选的年度十佳非虚构图书。在一批中国“互联网口述历史”之后，我们将推出国外“互联网口述历史”。除图书外，未来我们也会开发和转化纪录片、视频等产品内容和成果，甚至成立博物馆及研究中心。总之，我们期待还能发展为更多有意义的形式和形态，也希望您能继续关注。

余世存老师在回忆整理和编写《非常道》的过程中，说自己当时“常常为一段故事激动地站起来在屋子里转圈，又或者为一句话停顿下来流眼泪”。

在整理“互联网口述历史”的过程中，我们同样深感如此。因为能触及种种场景、种种感受、种种人生，我们常常因“口述者”的激情、痛苦、人性光辉、思想闪光而震撼、紧张、欣慰，也曾被某一句话惊出冷汗；有些“口述者”的思想分享连续不断，让人应接不暇、让人亢奋激动、让人拍案叫绝、让人脑洞大开，甚至让人茅塞顿开；一些让我们心痛、落泪的故事，却在“口述者”的低声慢语间送达。同时，我们也“见证”了很多阻力与才智、生存与反抗、偶然与机遇、智虑与制度、弱德与英勇……每位口述者，都像一面镜子，映照出千千万万的创业者、创新者、先驱者、革命者、领跑者，还有隐秘的英雄、坚忍的失势者、挺过来的伤者、微笑转身者、孤独翻山者……

幸运地，我们能触碰这些“宝藏”。更加幸运地，今天的我们能把它们都保留下来、呈现出来，领受前辈们分享的无价礼物。

数字化大师、麻省理工学院教授尼葛洛庞帝

（Nicholas Negroponte）曾这样评价方兴东博士及“互联网口述历史”：“你做的口述历史这项工作非常有意义。因为互联网历史的创造者，现在往往并不知道自己所做的事情有多么伟大，而我们的社会，现在也不知道这些人做的事情有多么伟大。”

也有非常多的人如此建议和评价方兴东博士的“互联网口述历史”：“也别太用心费神，那种东西有价值、有意义，但是没人看……”

电子工业出版社的刘声峰曾说：“这个工作，功德无量。”

在不同人的眼中，“互联网口述历史”有着不同的分量和意义。也许这项工程在别人眼中是“无底洞”，是“得不偿失”，是“用手走路”，是“费力不讨好”，是“杀鸡用牛刀”，但我们自有坚持下来的动力和源泉。

美国作家罗伯特·麦卡蒙（Robert R. McCammon）

在他的小说《奇风岁月》中有这样一段触动人心的文字:“我记得很久以前曾经听人说过一句话——如果有个老人过世了，那就好像一座图书馆被烧毁了。我忽然想到，那天在《亚当谷日报》上看到戴维·雷的讣告，上面写了很多他的资料，比如，他是打猎的时候意外丧生的，他的父母是谁，他有一个叫安迪的弟弟，他们全家都是长老教会的信徒。另外，讣告上还注明了葬礼的时间是早上 10 点 30 分。看到这样的讣告，我惊讶得说不出话来，因为他们竟然漏掉了那么多更重要的事。比如，每次戴维·雷一笑起来，眼角就会出现皱纹；每次他准备要跟本斗嘴的时候，嘴巴就会开始歪向一边；每当他发现一条从前没有勘探过的森林小径时，眼睛就会发亮；每当他准备要投快速球的时候，就会不自觉咬住下唇。这一切，讣告里只字未提。讣告里只写出戴维·雷的生平，可是却没有告诉我们他是个什么样的孩子。我在满园的墓碑中穿梭，脑海中思绪起伏。这个墓园里埋藏了多少被遗忘的故事，埋藏了多少被烧毁的老图书馆？还有，年复一年，究竟有多少年轻的灵魂在这里累积了越来越多的故事？这些故事被遗忘了，失落了。我好渴望能够有个像电影院的地方，里头有一本记录了无数名字的目录，我们可以在目录里找出某个人的名字，按下一个按钮，银幕上就会出现某个人的脸，然后他会告诉你他一生的故事。如果世上真有这样的地方，那会很像一座天底下最生动有趣的纪念馆，我们历代祖先的灵魂会永远活在那里，而我们可以听到他们沉寂了百年的声音。当我走在墓园里，聆听着那无数沉寂了百年、永远不会再出现的声音，我忽然觉得我们真是一群浪费宝贵资产的后代。我们抛弃了过去，而我们的未来也就因此消耗殆尽。”

我想，以上文字应该是所有“口述历史”工作者、研究者的共同愿望，同时它也回答了人们坚持下来的答案和意义。

尽管，我们做的是非常难的事。之前的一切访谈都是方兴东博士以个人的身份在做这件事，他自己或带着助理，联络、采访各口述者。2014 年起，我们组建了团队，承担起了访谈之后的整理、保存、保密、转化、出版等工作，但却常常有逆水行舟之感。因为方兴东博士在当年访谈完毕后并没有与口述者签署授权，我们补要授权已经是在访谈多年之后了，这增加了我们工作推进的难度。对于口述者来说，因为时间久远，且当时访谈是一个人，事后联络、沟通、确认、跟进的是另一个人，这便有了种种不同的理解。我们要在其中极力解释和争取，一方面保护好口述者，另一方面保护好方兴东博士，甚至再细致地解释方兴东博士当年也许使对方知会过的“知情同意权”（我们要做什么，口述者有哪些权利，可能会被怎么研究，我们如何保密，有哪些使用限制，会转化哪些成果，等等），然后授权。然而，我们不得不面对的现实是：事隔多年，有的口述者已经不愿面对这一次的访谈了；

也有的是不愿面对口述历史这种文本/文体；甚至有的口述者不愿再面对曾经提到的这些记忆（因访谈之后间隔过长，他的理解、想法、心理、记忆清晰程度，都有了变化）。还有的，有些口述历史已经确认并准备出版，而方兴东博士又临时进行了再次的访谈，我们就要将新的访谈内容再补入之前的版本中，然后再让口述者确认。这几年间，方兴东博士作为发起人，他对“互联网口述历史”有感情、有想法、有感觉，因此，我们也陪同经历了多次大改动、大建议、大方向的调整（我们的“已完成”，一次次被摊薄了）……这些加在一起，使我们都觉得是在做难上加难的事（因为我们没能按照惯常口述历史工作方法的顺序）。

回顾这几年，“互联网口述历史”对我们来说，也像是某种程度的创业，这期间遇到了多少干扰和阻力，咽下了多少苦闷和误解，吞下了多少不甘和负气，忍下了多少寂寞和煎熬，扛下了多少质疑和冷眼，这些只有我们自己清楚。对于我个人，还要面对团队成员不同原因的陆续离开……有时也会突然懂得和理解方兴东博士，无论是他经营公司，还是做“互联网口述历史”。对于其中的孤独、煎熬和坚守，相信他也一样理解我们。

以多年出版人的身份和角度讲，我同样替读者感到高兴，因为“互联网口述历史”实在有太多能量了，就像一个宝藏（当然，这也归功于“口述历史”这个特别形式的存在），这些能量有很大一部分可以转化成为“卖点”。在“互联网口述历史”里，读者可以看到过去与今天、政治与文化、他人与自己，也能看到趋势、机会、视野、因果、思维方式，还有管理、融资、创业、创新，还有励志、成功，以及辛酸挫折、泪水欺骗、潦倒狼狈、热爱、坚持；这里有故事，也有干货；有实用主义的，也有精神层面的；有历史的 A 面，同样有历史的 B 面；甚至其中有些行业问题、创业问题，依然能透过历史照入今天，解决此时此刻你的困惑与难题。所以，希望读者能够在我们不断出版的“互联网口述历史”中，各取所需，各得其所。希望在你困苦的时候，能有一双经验之手穿过历史帮助你、提醒你、抚慰你。也希望你在有收获之余，还能够有所反思，因为，“反思，是‘口述历史’的核心”（汪丁丁语）。

最后想说的是，如果你有任何与“互联网历史”有关的线索、史料、独家珍藏的照片，或想向我们提供任何支持，我们表示感谢与欢迎。“互联网口述历史”始终在继续。

最后，感谢“互联网口述历史”项目执行团队！也感谢有你的支持！更多感激，我们将在“致谢”中表达！

2016 年 5 月 18 日初稿

2018 年 2 月 7 日复改

致　谢

在“互联网口述历史”项目推动前行的过程中，感激以下每位提到或未能提到，每个具名或匿名的朋友们的辛苦努力和关照！

感谢方兴东博士十年来对“互联网口述历史”的坚持和积累，因为你的坚韧，才为大家留下了不可估量的、可继续开发的“财富”。

感谢汪丁丁老师对“互联网口述历史”项目小组的特别关心，以及您给予我们的难得的叮嘱与珍贵的分享。

感谢赵婕女士，感谢你对我们工作所有有形、无形的支援，让我们在“绝望”的时候坚持下来，感谢你懂我们工作当中的“苦”。感谢你给我们的醍醐灌顶般的工作方式的建议，以及对我们工作的优化和调整。

感谢杜运洪、孙雪、李宁、杜康乐、张爱芹等人无论风雨，跟随方兴东博士摄制“互联网口述历史”，是你们的拍摄、录制工作，为我们及时留下了斑斓的互联网精彩。同样感谢你们的身兼数职、分身有术，牺牲了那么多的假日。

感谢钟布、李颖，为“互联网口述历史”的国际访谈做了重要补充。

感谢范媛媛，在“互联网口述历史”国际访谈方面，起到特殊的、重要的联络与对接作用。

感谢“互联网实验室文库”图书编辑部的刘伟、

杜康乐、李宇泽、袁欢、魏晨等人，感谢你们耐住枯燥乏味，一次次的认真和任劳任怨，较真死磕和无比耐心细致的工作精神，并且始终默默无怨言。

在“互联网口述历史”的整理过程中，同样要感谢编辑部之外的一些力量，他们是何远琼、香玉、刘乃清、赵毅、冉孟灵、王帆、雷宁、郭丹曦、顾宇辰、王天阳等人，感谢你们的认真、负责，为“互联网实验室文库”添砖加瓦。

感谢互联网实验室、博客中国的高忆宁、徐玉蓉、张静等人，感谢你们给予编辑部门的绝对支持和无限理解。

感谢许剑秋，感谢你对“互联网口述历史”项目贡献的智慧与热情，以及独到、细致的统筹与策划。

感谢田涛、叶爱民、熊澄宇等几位老师，感谢你们对我们的指导和建议，感谢你们在“互联网口述历史”项目上所付出的努力。

感谢中国互联网协会前副秘书长孙永革老师帮助我们所做的部分史实的修正及建议。

感谢薛芳，感谢你以记者一贯的敏锐和独到，为“互联网口述历史”提供了难得的补充。

感谢汕头大学的梁超、原明明、达马（Dharma Adhikari）几位老师，以及张裕、应悦、罗焕林、刘梦婕、程子姣同学为“互联网口述历史”国际访谈的转录和翻译做了大量的辛苦工作；感谢范东升院长、毛良斌院长、钟宇欢的协调与帮助。

感谢李萍、华芳、杨晓晶、马兰芳、严峰、李国盛、马杰、田峰律师、杨霞、红梅、中岛、李树波、陈帅、唐旭行、冉启升、李江、孙海鲤、韩捷（小巴）等对我们所做工作的鼎力支持与支援。

感谢电子工业出版社的刘九如总编辑、刘声峰编辑、黄菲编辑、高莹莹老师，感谢你们为丛书贡献了绝对的激情、关注、真诚，以及在出版过程中那些细枝末节的温情的相助。

感谢博客中国市场部的任喜霞、于金琳、吴雪琴、崔时雨、索新怡等人对“互联网实验室文库”的支持，以及有效的推广工作。

在项目不同程度的推进过程中，同时感谢出版界的其他同仁，他们是东方出版社的龚雪，中信国学的马浩楠，中华书局的胡香玉，凤凰联动的一航，长江时代的刘浩冰，中信出版社的潘岳、蒋永军、曹萌瑶，生活·读书·新知三联书店的朱利国，商务印书馆的周洪波、范海燕，机械工业出版社的周中华、李华君，图灵公司的武卫东、傅志红，石油工业出版社的王昕，人民邮电出版社的杨帆，电子工业出版社的吴源，北京交通大学出版社的孙秀翠，中国发展出版社的马英华等人，感谢你们给予“互联网口述历史”的支持、关心、惦记和建议。

感谢腾讯文化频道的王姝蕲、张宁，感谢你们对

“互联网实验室文库”的支持。

感谢中央网信办、中国互联网协会、首都互联网协会、汕头大学新闻与传播学院、汕头大学国际互联网研究院、浙江传媒学院互联网与社会研究中心等机构的大力支持。

在编辑整理“互联网口述历史”的过程中，我们同时参考了大量的文献资料，在此向各文献作者表示衷心的感谢。你们每次扎实、客观的记录，都有意义。

感谢众多在“口述历史”“记忆研究”领域有所建树和继续摸索的前辈老师，感谢与“口述历史”“记忆”，以及历史学、社会学、档案学、心理学等领域相关的论文、图书的众多作者、译者、出版方，是你们让我们有了更便利的学习、补习方式，有了更扎实的理论基础，让我们能够站在巨人的肩膀上看得更远，走得更远。感谢你们对我们不同程度的启发和帮助。

感谢崔永元口述历史研究中心的同仁，感谢温州大学口述历史研究所的公众号及杨祥银博士，感谢你们对“互联网口述历史”的关注和关心。

感谢陈定炜（TAN Tin Wee），全吉男（Kilnam Chon），中欧数字协会的鲁乙己（Luigi Gambardella）与焦钰，Diplo 基金会的 Jovan Kurbalija 与 Dragana Markovski，计算机历史博物馆的戈登・贝尔（Gordon Bell）与马克・韦伯（Marc Weber），以及世界经济论坛的鲁子龙（Danil Kerimi），IT for Change 的安妮塔（Anita Gurumurthy）等人为“互联网口述历史”项目推荐和联络口述者，为我们提供了更多采访海外互联网先锋的机会。

感谢田溯宁、毛伟、刘东、李晓东、张亚勤、杨致远等人，深深感谢“互联网口述历史”已访谈和将访谈的，曾为中国互联网做出贡献和继续做贡献的精英与豪杰们，是你们让互联网的“故事”和发展更加精彩，也让我们的“互联网口述历史”能有机会记录这份精彩。

“互联网口述历史”的感谢名单是列不完的，因为它的背后有庞大的人群为我们做支持，提供帮助，给建议。

感谢你们！

互联网口述历史：人类新文明缔造者群像

“互联网口述历史”工程选取对中国与全球信息领域全程发展有特殊贡献的人物，通过深度访谈，多层次、全景式反映中国信息化发生、发展和全球崛起的真实全貌。该工程由方兴东博士自 2007 年开始启动耕作，经过十年断断续续的摸索和收集，目前已初现雏形。

“口述历史”是一种搜集历史的途径，该类历史资料源自人的记忆。搜集方式是通过传统的笔录、录音和录影等技术手段，记录历史事件当事人或目击者的回忆而保存的口述凭证。收集所得的口头资料，后与文字档案、文献史料等核实，整理成文字稿。我们将对互联网这段刚刚发生的历史的人与事、真实与细节，进行勤勤恳恳、扎扎实实的记录和挖掘。

“互联网口述历史”既是已经发生的历史，也是正在进行的当代史，更是引领人类的未来史；既是生动鲜活的个人史，也是开拓创新的企业史，更是波澜壮阔的时代史。他们是一群将人类从工业文明带入信息文明的时代英雄！这些关键人物，他们以个人独特的能动性和创造性，在人类发展关键历程的重大关键时刻，曾经发挥了不可替代的关键作用，真正改变了人类文明的进程。他们身上所呈现的价值观和独特气质，正是引领人类走向更加开阔的未来的最宝贵财富。

尼葛洛庞帝曾这样对方兴东说：“你做的口述历史这项工作非常有意义。因为互联网历史的创造者，现在往往并不知道自己所做的事情有多么伟大，而我们的社会，现在也不知道这些人做的事情有多么伟大。”

我们希望将各层面核心亲历者的口述做成中国和

全球互联网浪潮最全面、最丰富、最鲜活的第一手材料，作为互联网历史的原始素材，全方位展示互联网的发展历程和未来走向。

我们的定位：展现人类新文明缔造者群像，启迪世界互联新未来。

我们的理念：历史都是由人民群众创造的，但是往往是由少数人开始的。由互联网驱动的这场人类新文明浪潮就是如此，我们通过挖掘在历史关键时刻起到关键作用的关键人物，展现时代的精神和气质，呈现新时代的价值观和使命感，引领人类每一个人更好地进入网络时代。

我们的使命：发现历史进程背后的伟大，发掘伟大背后的历史真相！

“互联网口述历史”现场，李开复与方兴东。

（摄于 2015 年 10 月 17 日）

“互联网口述历史”现场，杨宁与方兴东。

（摄于 2015 年 11 月 30 日）

“互联网口述历史”现场，刘强东与方兴东、赵婕。

（摄于 2015 年 12 月 13 日）

“互联网口述历史”现场，倪光南与方兴东。

（摄于 2015 年 6 月 28 日）

“互联网口述历史”现场，张朝阳与方兴东。

（摄于 2014 年 1 月 12 日）

“互联网口述历史”现场，周鸿祎与方兴东。

（摄于 2013 年 10 月 1 日）

“互联网口述历史”现场，吴伯凡与方兴东。

（摄于 2010 年 9 月 16 日）

“互联网口述历史”现场，田溯宁与方兴东。

（摄于 2014 年 1 月 28 日）

“互联网口述历史”现场，陈彤与方兴东。

（摄于 2010 年 8 月 21 日）

“互联网口述历史”现场，钱华林与方兴东。

（摄于 2014 年 1 月 27 日）

“互联网口述历史”现场，刘九如与方兴东。

（摄于 2014 年 3 月 13 日）

“互联网口述历史”现场，张树新与方兴东。

（摄于 2014 年 2 月 17 日）

“互联网口述历史”访谈后合影，拉里·罗伯茨（Larry Roberts）与方兴东。

（摄于 2017 年 8 月 3 日）

To Cyberlabs

Great interview with great questions.

Glad to have you.

Larry Roberts

致互联网实验室：

很棒的采访，精心设计的问题。

与你们见面很开心。

——拉里·罗伯茨

“互联网口述历史”访谈后合影，伦纳德·罗兰罗克（Leonard Kleinrock）与方兴东。

（摄于 2017 年 8 月 5 日）

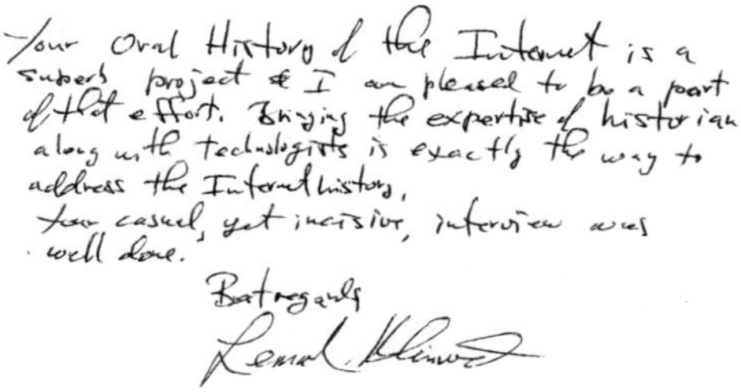

Your Oral History of the Internet is a superb project & I am pleased to be a part of that effort. Bringing the expertise of historians along with technologists is exactly the way to address the Internet history.
Your casual, yet incisive, interview was well done.

Best regards
Leonard Kleinrock

“互联网口述历史”是一个很棒的项目，很开心能参与其中。将历史与技术专业融合探索是了解互联网历史的最好方法。你们的采访轻松但深刻，很棒。

祝顺！

——伦纳德·罗兰罗克

“互联网口述历史”访谈后合影，温顿 · 瑟夫 (Vint Cerf) 与方兴东。

（摄于 2017 年 8 月 7 日）

I Enjoyed reliving the story of The Internet. There is much more to tell!

Vint Cerf

8/7/2017

十分享受重温互联网故事的过程。意犹未尽！

——温顿 · 瑟夫

“互联网口述历史”访谈后鲍勃·卡恩（Bob Kahn）签名。

（摄于 2017 年 8 月 28 日）

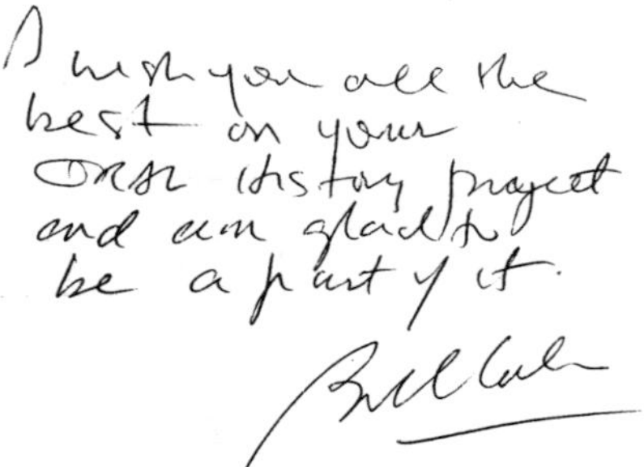

希望你们的口述历史项目一切顺利。十分开心可以参与其中。

——鲍勃·卡恩

“互联网口述历史”访谈后合影，斯蒂芬·克罗克（Stephen Croker）与方兴东。

（摄于 2017 年 8 月 8 日）

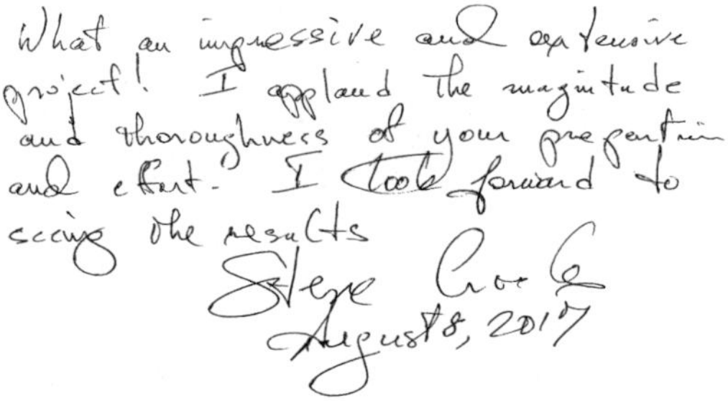
What an impressive and extensive project! I applaud the magnitude and thoroughness of your preparation and effort. I look forward to seeing the results
Steve Crocker
August 8, 2017

一个令人印象深刻的项目。你们严谨而深入的前期准备和努力，值得赞许。期待看到你们的项目成果。

——斯蒂芬·克罗克

“互联网口述历史”访谈后合影，斯蒂芬·沃夫（Stephen Wolff）与方兴东。

（摄于 2017 年 8 月 10 日）

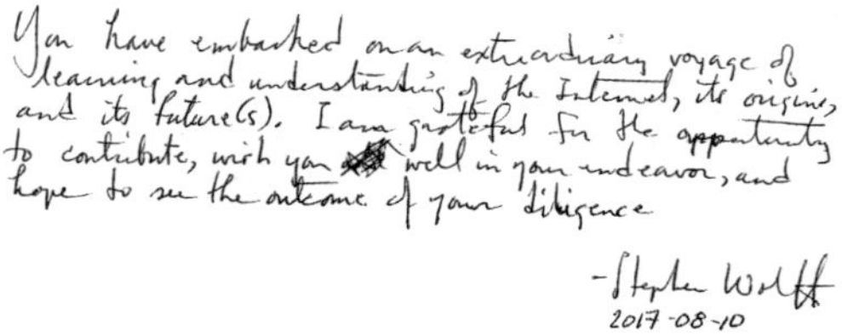

你们已经踏上了一条学习和了解互联网，探索其起源和未来发展的非同寻常之旅。十分感谢有机会能够贡献自己的一份力量。祝愿你们的项目进展顺利，期待早日看到你们的工作成果。

——斯蒂芬·沃夫

“互联网口述历史”访谈现场，维纳·措恩（Werner Zorn）接受提问。

（摄于 2017 年 12 月 5 日）

I strongly believe in
a good and prosperous
cooperation between
the Chinese Internauts
and the western collegues
friends and competitors towards
an open and florishing
Internet
Wuzhen, Dec 5, 2017
Werner Zorn

我坚信中国互联网参与者与西方同仁、伙伴和竞争者之间友好繁荣的合作会带来一个开放和蓬勃发展的互联网。

——维纳·措恩

“互联网口述历史”访谈现场，路易斯 · 普赞（Louis Pouzin）接受提问。

（摄于 2017 年 12 月 19 日）

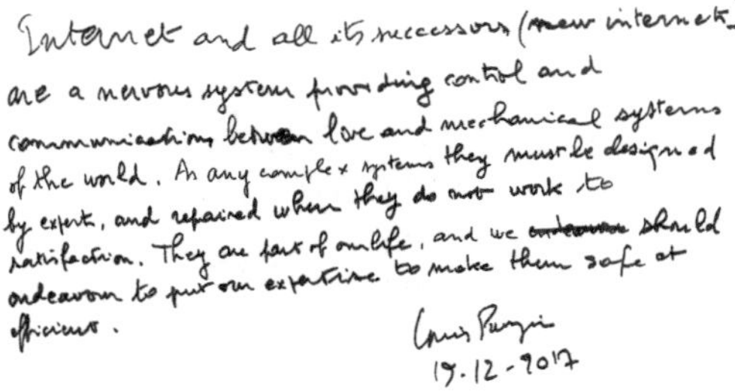

Internet and all its successors (new internet)
are a nervous system providing control and
communications between live and mechanical systems
of the world. As any complex systems they must be designed
by expert, and repaired when they do not work to
satisfaction. They are part of our life, and we ~~endeavour~~ should
endeavour to put our expertise to make them safe and
efficient.

Louis Pouzin
19.12-2017

互联网及其所有继任者（新互联网）是一个神经系统，为世界的生命系统和机械系统提供控制和交流的平台。与任何复杂的系统一样，它们须由专家设计，并在其工作不畅时及时进行修复。它们是我们生活的一部分，我们理应倾注我们的力量使其更加安全和高效。

——路易斯 · 普赞

“互联网口述历史”访谈现场，全吉男（Chon Kilnam）接受提问。

（摄于 2017 年 12 月 5 日）

Hope you can come up with good interviews with collaboration of others in Asia, North America, Europe and others. Let me know if you need any support on this matter. Good luck on this important topics.

2017.12.5
Chon Kilnam
全 吉男

希望你们与亚洲、北美洲、欧洲及其他地区的人能够合作进行更多优秀的采访。如果需要我的支持，请与我联系。预祝项目进展顺利。

——全吉男

（因版面有限，仅做部分照片展示。感谢您的关注！所有照片及资料受版权保护，未经授权不得转载、翻拍或用于其他用途。）

互联网实验室文库

21 世纪的走向未来丛书

我们正处于互联网革命爆发期的震中，正处于人类网络文明新浪潮最湍急的中央。人类全新的网络时代正因为互联网的全球普及而迅速成为现实。网络时代不再仅是体现在概念、理论或者少数群体中，而是体现在每个普通人生活方式的急剧改变之中。互联网超越了技术、产业和商业，极大拓展和推动了人类在自由、平等、开放、共享、创新等人类自我追求与解放方面的新高度，构成了一部波澜壮阔的人类社会创新史和新文明革命史！

过去 20 年，互联网是中国崛起的催化剂；未来 20 年，互联网更将成为中国崛起的主战场。互联网催化之下全民爆发的互联网精神和全民爆发的创业精神，两股力量相辅相成，相互促进，自下而上呼应了改革开放的大潮，助力并成就了中国崛起。互联网成为中国社会与民众最大的赋能者！可以说，互联网是为中国准备的，因为有了互联网，21 世纪才属于中国。

互联网给中国最大的价值与意义在于内在价值观和文明观，就是崇尚自由、平等、开放、创新、共享等内核的互联网精神，也就是自下而上赋予每个普通人以更多的力量：获取信息的力量，参政议政的力量，发表和传播的力量，交流和沟通的力量，社会交往的力量，商业机会的力量，创造与创业的力量，爱好与兴趣的力量，甚至是娱乐的力量。通过互联网，每个人，尤其是弱势群体，以最低成本、最大效果地拥有了更强大的力量。这就是互联网精神的革命性所在。互联网精神通过博客、微博和微信等的普及，得以在中国全面引爆开来!

如今，中国已经成为互联网大国，也即将成为世界的互联网创新中心。从应用和产业层面，互联网已经步入“后美国时代”。但是目前互联网新思想依然是以美国为中心。美国是互联网的发源地，是互联网创新的全球中心，美国互联网“思想市场”的活跃程度迄今依然令人叹服。各种最新著作的引进使我们与世界越来越同步，成为助力中国互联网和社会发展的重要养料。而今天中国对于网络文明灵魂——互联网精神的贡献依然微不足道！文化的创新和变革已经成为中国互联网革命非常大的障碍和敌人，一场中国网络时代的新启蒙运动已经迫在眉睫。“互联网实验室文库”的应运而生，目标就是打造“21 世纪的走向未来丛书”，打造中国互联网领域文化创新和原创性思想的第一品牌。

互联网对于美国的价值与互联网对于中国的价

值，有共同之处，更有不同。互联网对于美国，更多是技术创新的突破和社会进步的催化；而在中国，互联网对于整个中国社会的平等化进程的推动和特权力量的消解，是前所未有的，社会变革意义空前！所以，研究互联网如何推动中国社会发展，成为“互联网实验室文库”的出发点。文库坚持“以互联网精神为本”和“全球互联，中国思想”为宗旨，以全球视野，着眼下一个十年中国互联网发展，期望为中国网络强国时代的到来谏言、预言和代言！互联网作为一种新的文明、新的文化、新的价值观，为中国崛起提供了无与伦比的动力。未来，中国也必将为全球的互联网文化贡献自己的一份力量！

“互联网实验室文库”得到了中国互联网协会、首都互联网协会、汕头大学国际互联网研究院、数字论坛和浙江传媒学院互联网与社会研究中心等机构的鼎力支持。因为我们共同相信，打造“21 世纪的走向未来丛书”是一项长期的事业。我们相信，中国互联网思想在全球崛起也不是遥不可及，经过大家的努力，中国为全球互联网创新做出贡献的时刻已经到来，中国为全球互联网精神和互联网文化做出贡献的时刻也即将开始。我们相信，随着互联网精神大众化浪潮在中国的不断深入，让 13 亿人通过互联网实现中华民族的伟大复兴不再是梦想！让全世界 75 亿人全部上网，进入网络时代，也一定能够实现。而在这一伟大的历程中，中国必将扮演主要角色。

互联网实验室创始人、丛书主编　方兴东

注 释

[1] X.25，是一个使用电话或者综合业务数字网（ISDN）设备作为网络硬件设备来架构广域网的ITU-T网络协议，是第一个面向连接的网络，也是第一个公共数据网络。在国际上X.25的提供者通常称X.25为分组交换网（Packet Switched Network），尤其是那些国营的电话公司。它们的复合网络从20世纪80年代到90年代覆盖全球，现仍然应用于交易系统中。

[2] 周光召，1929年5月生，湖南宁乡人，著名科学家。曾任中国科学院院长、党组书记，中国物理学会副理事长，中国国际交流协会副会长，中国科学技术协会常务理事、副主席，中国国际科技促进会副会长，国家科技领导小组成员等。

[3] 钱天白，1945年生于江苏无锡，工程师，互联网专家。1990年11月28日，他代表中国正式在国际互联网络信息中心（InterNIC）的前身DDN－NIC注册登记了我国的顶级域名CN。1994年5月21日，在钱天白和德国卡尔斯鲁厄大学的共同努力下，中国科学院计算机网络信息中心完成了中国国家顶级域名（CN）服务器的设置，结束了中国的CN顶级域名服务器一直放在国外的历史。钱天白于1998年5月8日在香山公园突发心脏病逝世。

[4] 胡道元，上海人，清华大学计算机系教授、博士生导师，中国教育和科研计算机网高级顾问，国际信息处理联合会通信系统技术委员会（IFIP-TC6）中国代表。他是清华大学校园网、中关村教育与科研示范网、中国教育和科研计算机网 CERNET、“863 项目”计算机集成制造系统 CMIS 网的主要创建人之一，主持了第一个由中国学者提出的互联网报文汉字编码规范 RFC1922 文本的编写，《中华人民共和国国家标准：计算机信息系统安全保护等级划分准则》第一起草人，清华得实公司董事长。

[5] 许榕生，福州人，中国科学院高能物理研究所计算中心研究员、博士生导师，网络安全实验室首席科学家。曾任国家计算机网络入侵防范中心首席科学家，是中国最早向大众传播和介绍互联网知识的人之一，曾开设了中国第一个 Web 网站——中国之窗。

[6] 美国 Sprint 公司，成立于 1938 年，前身是 1899 年创办的 Brown 电话公司，当时是堪萨斯州的一家小型地方电话公司。目前，Sprint 公司已成为全球性的通信公司，并且在美国诸多运营商中名列三甲，主要提供长途通信、本地业务和移动通信业务。

[7] CHINANET，是邮电部门经营管理的基于互联网技术的中国公用计算机互联网，是国际计算机互联网（Internet）的一部分，是中国的互联网骨干网。CHINANET 骨干网建设始于 1995 年，一期工程完成北京、上海两个骨干节点，以一条 64kbps 速率的国际专线出口到美国，二期工程于 1996 年底完成，建成覆盖全国 30 个省会城市及重庆的全国骨干网。

[8] 中国金桥信息网（CHINAGBN），即国家公用经济信息通信网，1994 年在全国 24 个省市联网启动建设，也是中国四大互联网骨干网之一，由吉通公司运营（属原电子工业部管理），面向政府、企业、事业单

位和社会公众提供数据通信和信息服务。其正式运营是在 1996 年 1 月 15 日国务院批准之后。

[9] 中国教育和科研计算机网（The China Education and Research Network，CERNET），是由国家投资建设，教育部负责管理，清华大学等高等学校承担建设和管理运行的全国性学术计算机互联网络，是中国的四大互联网骨干网之一。其正式运行是在 1996 年 1 月 15 日国务院批准之后。

[10] 中国科技网（CSTNET），是早期中国科学院、清华大学、北京大学联合建设的园区网 NCFC 及向邮电租用的 64kbps 国际专线（在 1994 年 4 月 20 日国家经济信息化联席会议上获得解决）基础上发展起来的，1994 年 5 月 21 日完成了我国最高域名 CN 主服务器的设置，实现了与互联网的 TCP/IP 连接。1995 年底基本完成“百所联网”工程。至 1997 年底，已连接 100 多个以太网、3000 多台计算机、1 万多个用户。CSTNET 是中国的四大互联网骨干网之一。其正式运行是在 1996 年 1 月 15 日国务院批准之后。

[11] 中国互联网络信息中心（China Internet Network Information Center，CNNIC），是经国家主管部门批准，于 1997 年 6 月 3 日组建的管理和服务机构，行使国家互联网络信息中心的职责。作为中国信息社会基础设施的建设者和运行者，CNNIC 以“为我国互联网络用户提供服务，促进我国互联网络健康、有序发展”为宗旨，负责管理维护中国互联网地址系统，引领中国互联网地址行业发展，权威发布中国互联网统计信息，代表中国参与国际互联网社群。

[12] MOU，Memorandum of Understanding 的简称，国际协议一种通常的叫法，直译为“谅解备忘录”。

[13] 村井纯（Jun Murai），博士。日本庆应大学副校长、日本 IPv6 推进委

员会主席，当时任国际互联网常务理事。

[14] 亚太互联网络信息中心(Asia-Pacific Network Information Centre, APNIC)。

[15] 联想集团有限公司，成立于1984年，由中国科学院计算所投资20万元人民币、11名科技人员创办。当时称为中国科学院计算所新技术发展公司。

[16] 严东生，1918年生于浙江杭州。教授，中国化学家、材料学家，中国科学院副院长，上海大学名誉校长，中国科学院院士、中国工程院院士，被国际无机材料科学界誉为最有影响的学术领导人之一，原中科院院长。

[17] 李勤，高级工程师，联想控股有限公司常务副总裁，神州数码控股有限公司董事局主席。

[18] 柳传志，1944年4月生，祖籍江苏省镇江，毕业于西北电讯工程学院(今西安电子科技大学)。曾于国防科工委十院四所和中科院计算所从事科学研究工作，曾任联想控股公司总裁、董事长等职。

[19] 杨元庆，1964年11月生，安徽合肥人，籍贯浙江舟山，联想集团董事长。

[20] 郭为，1963年生，河北秦皇岛人。高级工程师，神州数码控股有限公司董事局主席，国家信息化专家咨询委员会委员，中国民营科技实业家协会理事长，北京信息化协会会长。

[21] 首都信息发展股份有限公司（简称：首都信息、首信），成立于1998年1月，作为“城市信息化应用基础设施外包服务提供商”，参照国际流行的IT外包服务模式，针对城市信息化建设中普遍存在的重复投资、重建设轻运营、缺乏可持续发展机制等瓶颈问题，瞄准“企业投资IT应用基础设施、客户订购IT应用服务”的新型市场化供需服务关系，构建公司核心业务能力、打造IT服务团队，拓展业务市场。

公司于 2001 年 12 月在香港联交所创业板上市，于 2011 年 1 月 21 日成功转至香港联合交易所有限公司主板上市。

[22] 来源：《办公自动化》杂志，2015 年 3 月。

项目资助名单

“互联网口述历史”(OHI)得到以下项目资助和支持：

国家社科基金重大项目

批准号：18ZDA319

项目名称：全球互联网 50 年发展历程、规律和趋势的口述史研究

国家社科基金一般项目

批准号：18BXW010

项目名称：全球史视野中的互联网史论研究

国家社科基金重大项目

批准号：17ZDA107

项目名称：总体国家安全观视野下的网络治理体系研究

教育部哲学社会科学研究重大课题攻关项目
批准号：17JZD032
项目名称：构建全球化互联网治理体系研究

国家自然科学基金重点项目
批准号：71232012
项目名称：基于并行分布策略的中国企业组织变革与文化融合机制研究

浙江省重点科技创新团队项目
计划编号：2011R50019
项目名称：网络媒体技术科技创新团队

图书在版编目（CIP）数据

光荣与梦想：互联网口述系列丛书. 陆首群篇 / 方兴东主编.
—北京：电子工业出版社，2019.3
ISBN 978-7-121-33163-3

Ⅰ. ①光… Ⅱ. ①方… Ⅲ. ①互联网络－历史－世界
Ⅳ. ①TP393.4-091

中国版本图书馆 CIP 数据核字（2017）第 295726 号

出版统筹：刘九如
策划编辑：刘声峰（itsbest@phei.com.cn）
黄 菲（fay3@phei.com.cn）
责任编辑：黄 菲 特约编辑：刘广钦 刘红涛
印 刷：涿州市京南印刷厂
装 订：涿州市京南印刷厂
出版发行：电子工业出版社
北京市海淀区万寿路 173 信箱 邮编：100036
开 本：787×1 092 1/32 印张：6.5 字数：188 千字
版 次：2019 年 3 月第 1 版
印 次：2019 年 3 月第 1 次印刷
定 价：58.00 元

凡所购买电子工业出版社图书有缺损问题，请向购买书店调换。若书店售缺，请与本社发行部联系，联系及邮购电话：（010）88254888，88258888。

质量投诉请发邮件至zlts@phei.com.cn，盗版侵权举报请发邮件至dbqq@phei.com.cn。

本书咨询联系方式：1024004410（QQ）。

——互联网实验室文库——